Magda Sabbour

Produkcja bioproduktów

Magda Sabbour

Produkcja bioproduktów

Wydawnictwo Bezkresy Wiedzy

Cover image: www.ingimage.com

Publisher:
Wydawnictwo Bezkresy Wiedzy
is a trademark of
International Book Market Service Ltd., member of OmniScriptum Publishing Group
17 Meldrum Street, Beau Bassin 71504, Mauritius

Printed at: see last page
ISBN: 978-620-0-54451-3

Drogi czytelniku,

książka, którą posiadasz, została pierwotnie wydana pod tytułem

"Production of Bio Crops", ISBN 978-3-330-01662-0.

Jego publikacja w języku polskim jest możliwa dzięki zastosowaniu najbardziej zaawansowanej sztucznej inteligencji dla języków.

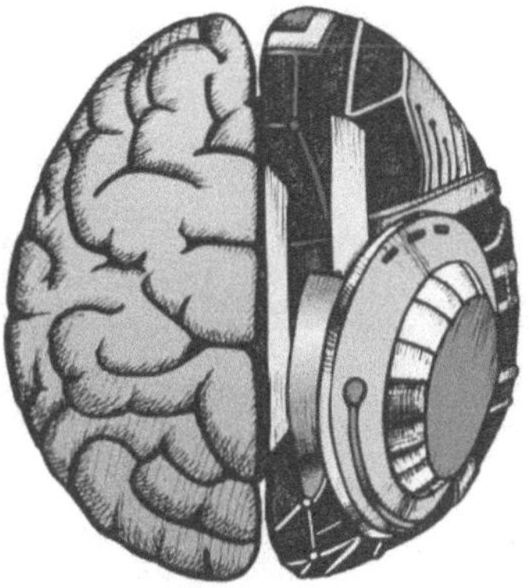

Technologia ta, uhonorowana pierwszą w historii Honorową Nagrodą Sztucznej Inteligencji w Berlinie we wrześniu 2019 r., naśladuje sposób działania ludzkiego mózgu, dzięki czemu jest w stanie uchwycić i przetłumaczyć nawet najmniejsze niuanse w bezprecedensowy sposób.

Mamy nadzieję, że znajdą Państwo wiele satysfakcji z tej książki i uprzejmie prosimy o uwzględnienie wszelkich rozbieżności językowych, które mogłyby wyniknąć z tego procesu.

Miłego czytania!

IMPRINT NAME

Produkcja roślin biologicznych

Przez

Prof. Magda Mahmoud Sabbour

Krajowe Centrum Badawcze_ Wydział Rolnictwa

SPIS TREŚCI

Przedmowa 7
Rodzaje patogenów 8
W jaki sposób wykorzystywane są patogeny insektów do zwalczania owadów 8
Mikrobiologiczne środki owadobójcze 8
Indukcyjne zastosowania (mikrobiologiczne środki owadobójcze) 9
Wnioski inokulacyjne 9
Formułowanie patogenów owadów 9
Patogeny owadów są podzielone na dwie części w zależności od sposobu działania 11
Przegląd dwóch sekcji 11
Optymalizacja produkcji i stabilizacja dla celów formulacji 11
Bakterie Entomopatogenne 12
Habitat (Rośliny uprawne) 13
Sposób działania 15
Działanie *B.t/* na gąsienice 15
Symptomy 16
Względna skuteczność 16
Produkcja 17
Fermentacja Bacillus thuringiensis 21
Działanie systemowe 21
Rośliny produkujące toksyny 22
Wirusy owadów 22
Inne wirusy DNA 23
Inne wirusy DNA 23
Iridoviridae 24
Parvoviridae 24
Polydnaviridae 25
Produkcja bakulowirusa 27
Proszki nadające się do spożycia i granulaty rozpraszające wodę 28
Dodatki 28
Filtry przeciwsłoneczne 28
Synergiści 28
Sposób działania 29
Ciliates 31
Rodzaje receptur 32
Względna skuteczność 32
Sposób działania 33

Utrzymanie kultury 35
Masowa produkcja grzybów entomopatogenicznych 37
Formulacja grzybów entomopatogenicznych 42
Dostępność handlowa 43
Niektóre pospolite grzyby patogenne owadów 43
Nicienie Entomopatogenne 44
Uwolnienie komórek bakteryjnych gospodarza umiera 45
Względna skuteczność 46
Charakterystyka kluczowych gatunków 47
Produkcja i formulacja 49
Kultura In Vivo 51
W Vitro Solid Culture 53
W Vitro Liquid Culture 53
Dodatkowe parametry procesu 54
Czas kultury 55
Analiza i perspektywy na przyszłość 55
2 - Preparaty z nicieniami o ograniczonej sprawności ruchowej 58
3 - Preparaty z anhydrobiotycznymi nicieniami 59
3.1 - Żele 60
4- Sformułowania do zastosowania 62
Wysuszone zwłoki 62
Kapsułki 62
Środki przeciwdrobnoustrojowe 63
Kontrola jakości i standaryzacja 63
Transport i przeładunek 65
Dostępność handlowa 66
Referencje 67

Przedmowa

Syntetyczne chemiczne środki owadobójcze przynoszą wiele korzyści dla produkcji żywności i zdrowia ludzkiego, ale stanowią również pewne zagrożenie. W wielu przypadkach alternatywne metody zwalczania owadów zapewniają odpowiedni poziom kontroli szkodników i stwarzają mniej zagrożeń.

Patogeny owadów są ważnymi składnikami naturalnego kompleksu wroga wielu gatunków owadów, w tym gatunków szkodników. Niektóre grupy patogenów, takie jak mikrosporidia, nie zawsze utrzymują zagęszczenie owadów żywicieli poniżej progów ekonomicznych, ale tłumią one szybki wzrost populacji szkodników i często są odpowiedzialne za spadek populacji, które przekroczyły próg ekonomiczny. W większości przypadków głównym celem zarządzania naturalnie występującymi patogenami owadów jest wywołanie epizootii wcześniej w sezonie, zanim zagęszczenie żywicieli przekroczy próg ekonomiczny. Można to osiągnąć poprzez inokulacyjne uwolnienie patogenu lub poprzez zmianę praktyk kulturowych w celu promowania epizootycznych mikroorganizmów i owadów są powiązane na wiele różnych sposobów. Stowarzyszenia te obejmują zarówno towarzystwa ubezpieczeń wzajemnych, jak i te, w których mikroorganizm powoduje śmiertelne choroby u żywiciela owadów. Zakaźne choroby owadów, zwykle powodujące szkodliwe skutki u zaatakowanego żywiciela, często występują u owadów i często działają jako ważne naturalne środki kontroli. Chociaż patogeny owadów są najczęściej postrzegane jako mikrobiologiczne środki owadobójcze, są one przydatne do zwalczania owadów na wiele dodatkowych sposobów, jak opisano poniżej.

Rodzaje patogenów

Insekty są zarażane przez niewiarygodnie dużą liczbę i różnorodność gatunków patogenów. Większość patologów owadów uważa, że w rzeczywistości istnieje więcej gatunków patogenów owadów niż gatunków owadów. Wiele patogenów ma fascynujące cykle życiowe i skojarzenia z owadami, a tylko ułamek ich całkowitej liczby został opisany. Następujące główne grupy patogenów zawierają gatunki, które infekują owady: Bakterie, grzyby, mikrosporidia (pierwotniaki), nicienie i... Wirusy.

W jaki sposób wykorzystywane są patogeny insektów do zwalczania owadów

Patogeny pochodzące od owadów są wykorzystywane w IPM na co najmniej trzy różne sposoby: w zastosowaniach indukcyjnych, w uwalnianiu inokulacyjnym, w zarządzaniu naturalnie występującymi patogenami oraz we wprowadzaniu egzotycznych patogenów jako klasycznych środków kontroli biologicznej.

Mikrobiologiczne środki owadobójcze

Jedną z takich alternatyw dla kontroli chemicznej jest stosowanie mikrobiologicznych środków owadobójczych, które zawierają mikroorganizmy lub ich produkty uboczne. Mikrobiologiczne środki owadobójcze są szczególnie cenne, ponieważ ich toksyczność dla zwierząt i ludzi innych niż docelowe jest bardzo niska. W porównaniu z innymi powszechnie stosowanymi środkami owadobójczymi, są one bezpieczne zarówno dla użytkowników pestycydów, jak i dla konsumentów upraw poddanych działaniu środka. Mikrobiologiczne środki owadobójcze znane są również jako patogeny biologiczne i biologiczne środki kontroli.

Mikrobiologiczne środki owadobójcze składają się z mikroskopijnych organizmów żywych (wirusów, bakterii, grzybów, pierwotniaków lub nicieni) lub toksyn produkowanych przez te organizmy. Są one przeznaczone do stosowania w postaci konwencjonalnych aerozoli owadobójczych, pyłów, płynów do przemywania, koncentratów płynnych, zwilżalnych proszków lub granulatów. Specyficzne właściwości każdego produktu decydują o tym, w jaki sposób można go najefektywniej wykorzystać.

Indukcyjne zastosowania (mikrobiologiczne środki owadobójcze)

Inundatywne zastosowania to te, w których patogeny owadów są stosowane w dużych ilościach w celu jak najszybszego zabicia jak największej liczby osobników populacji szkodników. Stosowane w ten sposób patogeny nazywane są mikrobiologicznymi środkami owadobójczymi. Replikacja patogenu u żywiciela i produkcja dodatkowych rozmnożenia zakaźnego może być pożądana, ale zwykle nie jest wymagana skuteczność mikrobiologicznych środków owadobójczych.

Wnioski inokulacyjne

Inokulacyjne zastosowania to takie, w których małe ilości patogenów owadów są aplikowane lub uwalniane do populacji żywicieli owadów. Celem tego typu uwalniania jest wytworzenie infekcji u co najmniej kilku żywicieli, które z kolei wytworzą liczne propaguły zakaźne, które zainfekują wiele bardziej podatnych żywicieli.

Zalety mikrobiologicznych środków owadobójczych

Poszczególne produkty różnią się od siebie w istotny sposób, ale poniższa lista korzystnych cech dotyczy ogólnie mikrobiologicznych środków owadobójczych.

Organizmy stosowane w mikrobiologicznych środkach owadobójczych są zasadniczo nietoksyczne i niepatogenne dla dzikich zwierząt, ludzi i innych organizmów, które nie są ściśle związane z docelowym szkodnikiem. Bezpieczeństwo oferowane przez mikrobiologiczne środki owadobójcze jest ich największą siłą, a koszty produkcji nie mogą być rozłożone na szeroki zakres sprzedaży środków do zwalczania szkodników. W konsekwencji niektóre produkty nie są powszechnie dostępne lub są stosunkowo drogie (np. kilka wirusów owadów).

Formułowanie patogenów owadów

Niektóre pestycydy i inne pożyteczne organizmy okazały się bardzo skuteczne w laboratorium dopiero na pewnym etapie w terenie, nawet po opracowaniu produktu przeznaczonego do wprowadzenia do obrotu. Najczęstszymi przyczynami takiego upadku są: słaba stabilność produktu podczas przechowywania przed zastosowaniem, zbyt mała ilość materiału aktywnego, który faktycznie dociera do celu terenowego, oraz szybka degradacja materiału aktywnego na celu. Sformułowanie odgrywa istotną rolę w rozwiązywaniu tych problemów i w uczynieniu organizmu skutecznym w praktyce. Jeżeli jednak produkt końcowy ma przetrwać na rynku, musi to zostać osiągnięte w sposób efektywny kosztowo. Co to za sformułowanie? Zdefiniowany zbiorczo, preparat zawiera środki pomocnicze do ochrony organizmów, do realizacji ich celów i - po ich osiągnięciu - do poprawy ich działalności. Koncentrat techniczny organizmu, który został wytworzony, jest określany jako preparat lub produkt, który może być przechowywany i wprowadzany do obrotu handlowego. Produkt często nie w pełni spełnia wszystkie wymagania dotyczące stosowania na wszystkich uprawach. W celu uzyskania optymalnego zastosowania w niektórych uprawach może być konieczne wprowadzenie większej ilości dodatków. Zazwyczaj dodaje się je tuż przed aplikacją, a ostateczny skład jest określany jako mieszanka w zbiorniku.

Sformułowania są zazwyczaj rozważane, a badania w tych sześciu grupach przebiegają niezależnie. Mają one jednak wspólne mocne i słabe strony technologiczne, a także unikalne cechy, dlatego też skorzystałyby na wzajemnej inspiracji i asymilacji pomysłów i danych.

Inżynieria genetyczna jest jednym z dwóch najważniejszych ostatnich obszarów postępu w rozwoju mikroorganizmów do wykorzystania w rolnictwie i leśnictwie. Wczesna formuła, stylizowana na chemiczną, doprowadziła do wielu początkowych niepowodzeń. Funkcja organizmów w przyrodzie jest badana w celu poprawy naturalnej wydajności poprzez masową produkcję ich etapów przetrwania. Etapy te są zoptymalizowane pod kątem przechowywania i skuteczności, a następnie mieszane z nośnikami, uzupełnione szeroką gamą dodatków, które dodatkowo poprawiają skuteczność i przeżywalność podczas zbiorów, przechowywania i stosowania, a także chronią i pielęgnują organizmy w późniejszym okresie, gdy czekają na efekty, a koszty produkcji nie mogą być rozłożone na szeroką gamę sprzedaży w zakresie zwalczania szkodników. W związku z tym niektóre produkty nie są powszechnie dostępne lub są stosunkowo drogie (np. kilka wirusów owadów) Stworzone organizmy są zawieszone w odpowiednim nośniku, który jest uzupełniany dodatkami w celu maksymalizacji przetrwania w magazynie, optymalizacji stosowania do celu i ochrony organizmów po zastosowaniu. W przeciwieństwie do składników aktywnych chemicznie, mają one charakter cząsteczkowy i żywy lub białkowy, co czyni je stosunkowo wrażliwymi na warunki przechowywania i środowisko. Skład preparatu określają nie tylko wymagania naukowe, np. jednolita powłoka natryskowa na liściach, ale także wymagania handlowe, np. przyjazność dla użytkownika. Produkty muszą być łatwe do przechowywania, łatwe w użyciu i kompatybilne ze sprzętem użytkownika (Most i Quinlan (1986); Devisetty (1988) i Rhodes (1993).

Patogeny owadów są podzielone na dwie części w zależności od sposobu działania

A) -Mikroorganizmy, które atakują owady przez jelita, muszą być zjedzone, aby zadziałały, takie jak bakterie, wirusy i pierwotniaki.

B) -Mikroorganizmy, które atakują owady przez powierzchnię ciała, to między innymi, grzyb i nicienie.

Przegląd dwóch sekcji

A) **-Mikroorganizmy, które atakują owady przez jelita, muszą być zjedzone, aby mogły zadziałać, takie jak bakterie, wirusy i pierwotniaki.**

Trzy główne grupy patogenów owadów - bakterie, wirusy i pierwotniaki - mają jedną wspólną cechę: zwykle infekują lub zatruwają owady per-oralnie, gdy zanieczyszczają pokarm dla owadów. W ten sposób, aby kontrolować infestację owadów, muszą być one zazwyczaj spożywane i muszą być równomiernie rozłożone w środowisku żywności i być wystarczająco odporne, aby pozostać przy życiu, czekając na owada, który je zje. Sformułowanie jest niezbędne dla zapewnienia skuteczności tych procesów. Pierwszym zadaniem jest sprawienie, aby pokarm poddany działaniu patogenów był smaczny i mógł równomiernie pokrywać pokarm. Przy spożyciu patogeny ingerują w hemolimfy i tkanki docelowe, rosną w nich i zabijają owady; następnie w naturze fazy przeżycia patogenu są chronione wewnątrz zwłok, które ostatecznie rozpadają się. Natomiast etapy przeżywania patogenów wytwarzanych w celu zwalczania owadów muszą być aplikowane w postaci aerozoli lub ciał stałych cienko rozłożonych na powierzchni pokarmu owadów, a tym samym są bardziej narażone na działanie środowiska. Dlatego też formuła musi zastąpić naturalną ochronę zapewnianą przez trupy owadów. Wybrane patogeny muszą być wysoce zjadliwe, aby zabić w najmniejszych możliwych dawkach, co jest również ułatwione przez formułę.

Optymalizacja produkcji i stabilizacja dla celów formulacji

Składnik aktywny w składzie patogenu musi być produkowany albo *in vitro* przez fermentację, jak w przypadku *B. thuringiensis,* albo *in vivo,* jak w przypadku pierwotniaków i wirusów. Wyjątkiem jest przypadek roślin transgenicznych, które tworzą w swoich tkankach toksynę *B. thuringiensis* systemowo. W granicach biologicznych wymagań mikroorganizmu, a także ekonomicznej rzeczywistości osiągnięcia najbardziej efektywnej produkcji przy najniższych kosztach, konieczne jest dostosowanie procesu produkcyjnego do potrzeb kolejnych preparatów. Ten aspekt krawiectwa będzie głównym tematem tego działu. *B. Turyngia* jest wykorzystywana jako przykład produkcji poprzez fermentację *in vitro*. Bakulowirusy są wykorzystywane jako przykład produkcji *in vivo*.

Bakterie Entomopatogenne

Ponieważ zagrożenia powodowane przez konwencjonalne, szeroko działające pestycydy są udokumentowane, naukowcy poszukują pestycydów, które są toksyczne tylko dla szkodników docelowych, mają mniejszy wpływ na inne gatunki i mają mniejsze zagrożenie dla środowiska. Z badań tych wynikają środki owadobójcze *Bacillus thuringiensis* (*B.t.*). Istnieją jednak dowody wskazujące na to, że *B.t.* nie jest tak łagodny, jak chcieliby tego producenci, i że należy zachować ostrożność w jego stosowaniu.

Ponad 90 gatunków naturalnie występujących, specyficznych dla owadów (entomopatogennych) bakterii zostało wyizolowanych z owadów, roślin i gleby, ale tylko kilka z nich zostało intensywnie zbadanych. Dużo uwagi poświęcono *B. thuringiensis*, gatunkowi, który został opracowany jako mikrobiologiczny środek owadobójczy.

Żywiciele pierwotni: gąsienice; niektóre chrząszcze i larwy muchówek.

Najważniejsze cechy: larwy przestają jeść, kuleją i kurczą się, umierają i rozpadają się.

Uprawy: wiele.

Dostępne w handlu: tak -podobne gatunki i odmiany.

Patogeny bakteryjne stosowane do zwalczania owadów to tworzące zarodniki, pałeczkowate bakterie z rodzaju *Bacillus*. Bakterie tworzące zarodniki, jak sama nazwa wskazuje, oprócz komórek wegetatywnych i reprodukcyjnych wytwarzają również odporne na działanie środowiska naturalnego zarodniki. Występują one powszechnie w glebach, a większość szczepów owadobójczych została wyizolowana z próbek gleby.

Istnieją trzy podstawowe rodzaje; *Bacillus* i *Paenibacillus* są na ogół tlenowe, a rodzaj *Clostridium* jest na ogół beztlenowy. Rodzaj *Bacillus* zawiera zarówno gatunki wytwarzające toksyny, jak i te, które nie wytwarzają toksyn. *Bacillus thuringiensis* jest szeroko stosowany jako mikrobiologiczny środek owadobójczy i jest produkowany przez wiele firm jako produkt handlowy do zwalczania Lepidoptera {B.*t. kurstaki* i *B.t. aizawai),* Coleoptera *(B.t. tenebrionis* i *B.t. japonensis)* oraz Diptera {B.*t. israeliensis).*

Bakteryjne środki owadobójcze muszą być spożywane, aby były skuteczne; nie są truciznami kontaktowymi. Produkty owadobójcze składające się z jednego gatunku *Bacillus* mogą być aktywne przeciwko całemu szeregowi owadów lub mogą być skuteczne tylko przeciwko jednemu lub kilku gatunkom. Na przykład, produkty zawierające *Bacillus thuringiensis* var. *kurstaki* zabijają stadium gąsienicowe szerokiej gamy motyli i ćmy. W przeciwieństwie do tego. *Bacillus popillae* (mleczna choroba zarodników)

zabija larwy japońskiego chrząszcza, ale nie jest skuteczny przeciwko blisko spokrewnionym rocznym białym gąsienicom (zamaskowanym chrząszczom z rodzaju *Cyclocephala*), które powszechnie infekują trawniki. Produkty te mają doskonałe wyniki w zakresie bezpieczeństwa i mogą być stosowane w uprawach do końca dnia zbiorów. *Bt* może być stosowany przy użyciu konwencjonalnych urządzeń natryskowych, ale ponieważ bakterie muszą być zjedzone, aby były skuteczne, dobre pokrycie sprayem jest niezbędne.

Habitat (Rośliny uprawne)

Wiele, w tym warzywa, bawełna, tytoń, uprawy drzew, uprawy leśne, architektura krajobrazu.

<u>Szybkie fakty</u>

Receptury odmiany *B.t. tenebrionis* i odmiany *san diego* są zarejestrowane do stosowania przeciwko larwom dorosłych i larwom chrząszczy ziemniaczanych z gatunku Colorado. Odmiana *B.t. israelensis* jest wprowadzana do obrotu w celu zwalczania muszek czarnych i komarów, gnatów grzybowych, chociaż jeśli nie jest stosowana w skali całej społeczności, prawdopodobnie skuteczniejsze jest wyeliminowanie wody stojącej i zwalczanie chwastów na brzegach stawów. Odmiana *B.t. aizawai* jest używana do zwalczania larw woskowych ćmy w ulach i różnych gąsienicach. Jest to ważne dla kontroli gąsienicy ćmy diamentowej, która na niektórych obszarach rozwinęła odporność na odmianę *B.t. kurstaki* (Boucias i Pendland, 1998).

W formie oczyszczonej, niektóre z białek produkowanych przez *B. t.* są bardzo toksyczne dla ssaków. Jednakże, w ich naturalnej formie, ostra toksyczność powszechnie stosowanych odmian *B.t.* jest ograniczona do gąsienic, larw komarów i chrząszczy. *B.t.* jest ściśle związany z *B. cereus*, bakterią powodującą zatrucie pokarmowe oraz z *B. antracyzą*, czynnikiem wywołującym chorobę wąglika. Niewiele badań przeprowadzono na temat przewlekłych skutków zdrowotnych, rakotwórczości lub mutagenności *B.t.* Osoby narażone na B.t. skarżyły się na podrażnienia dróg oddechowych, oczu i skóry, a po bezpośrednim kontakcie z preparatem *B.t.* wystąpił jeden wrzód rogówki. Ludzie cierpią również na alergię na "obojętne" (tajemnicze) składniki. Osoby z uszkodzonym układem odpornościowym mogą być szczególnie podatne na *B.t.*

Żywe zarodniki *B.t.* są znane z tego, że istnieją do jednego roku po zastosowaniu. Odporność owadów na *B.t. została* dobrze udokumentowana. Inżynieria genetyczna może znacznie rozszerzyć zastosowanie *B.t.,* przyspieszając rozwój większej odporności.

Zastosowania *B.t. na dużą* skalę mogą mieć daleko idące skutki ekologiczne. *B.t.* może radykalnie zmniejszyć liczbę i różnorodność gatunków ćmy i motyla, co z kolei wpływa na ptaki i ssaki żerujące na gąsienicach. B.*t*. *B.t.* jest mniej toksyczny dla ssaków i wykazuje mniej skutków środowiskowych niż wiele syntetycznych środków owadobójczych. Nie jest to jednak powód, by używać go bezkrytycznie. Przed użyciem należy dokładnie rozważyć jego wpływ na środowisko i zdrowie, jak również wpływ wszystkich innych środków alternatywnych. *B.t.* należy stosować tylko w razie potrzeby i w najmniejszych możliwych ilościach. Powinien on być zawsze wykorzystywany jako część programu zrównoważonego zarządzania.

Zazwyczaj w przypadku śmierci zatrutego owada do środowiska uwalnia się kilka jednostek chorobotwórczych lub nie uwalnia się ich wcale. W konsekwencji, produkty *B.t.* są stosowane podobnie jak syntetyczne środki owadobójcze. Zabiegi *B.t.* są inaktywowane dość szybko (w ciągu jednego do kilku dni) w wielu sytuacjach zewnętrznych, a w przypadku niektórych upraw i szkodników konieczne może być wielokrotne stosowanie.

Niektóre dostępne w handlu odmiany *B.t.* i docelowe szkodniki:

Bacillus thuringiensis

odmiana *tenebrionis* - larwy chrząszcza ziemniaczanego i chrząszcza liściowego wiązów Colorado

var. *kurstaki* - gąsienice

var. *israelensis* - komar, muszka czarna i larwy grzybów gnat var. *aizawai* - larwy ćmy woskowej i różne gąsienice, zwłaszcza gąsienica ćmy diamentowej.

Niektóre produkty handlowe mogą mieszać odmiany lub zawierać dodatkowe odmiany. Sprawdź etykietę. Weinzierl i Henn, Tess. (1989)

Sposób działania

Toksyczne kryształowe białko *B.t.* w preparatach komercyjnych jest skuteczne tylko wtedy, gdy jest spożywane przez owady o specyficznym (zwykle zasadowym) pH jelit i specyficznych strukturach błony śluzowej jelita wymaganych do związania toksyny. Owad musi nie tylko mieć prawidłową fizjologię i znajdować się w podatnym stadium rozwoju, ale także musi być zjedzony w wystarczającej ilości. W przypadku spożycia przez podatnego owada, toksyna białkowa uszkadza wyściółkę jelit, prowadząc do paraliżu jelit. Dotknięte owady przestają karmić i umierają z powodu połączonych skutków głodu i uszkodzenia tkanek. Zarodniki *B.t.* zwykle nie rozprzestrzeniają się na inne owady lub same nie powodują ognisk choroby, jak to ma miejsce w przypadku wielu patogenów (Tanada i Kaya, 1993).

Działanie *B.t/* na gąsienice

B. t - toksyna krystaliczna

Gąsienica zużywa liście poddane działaniu Bt (zarodniki i toksyny krystalicznej).

WiUhin minut, ms- toksyna wiąże się z receptorami spec*l'c w ścianie jelita i gąsienica przestaje się ładować.

W ciągu kilku godzin biadolenie jelit rozpada się, pozwalając zarodnikom i normalnym bakteriom jelitowym dostać się do mojej jamy ciała; toksyna rozpuszcza się.

w ciągu 1-2 dni gąsienica cytuje z posocznicy, gdy w Hs Mood rozmnażają się zarodniki kończące jelita.

Geny *B.t.* zostały przeniesione do innych mikroorganizmów w celu wytworzenia bardziej aktywnych lub trwałych (Aly *et.al.* 2006) form użytkowych, z których niektóre są dostępne w handlu. Dodatkowo, naukowcy opracowali genetycznie odmiany kilku gatunków roślin w celu wyrażenia toksyny *B.t. w* ramach normalnego rozwoju rośliny. Doprowadziło to do produkcji "odpornych na owady" *B.t.* linii tytoniu, bawełny, kukurydzy, pomidorów, ziemniaków i innych. Ocena i rozwój systemów zarządzania dla tych nowych linii produkcyjnych są przedmiotem znaczących badań.

Symptomy

Larwy zaatakowane przez *B.t.* stają się nieaktywne, zaprzestają karmienia i mogą się odradzać lub mieć wodniste odchody. Kapsułka głowna może wydawać się zbyt duża jak na rozmiar ciała. Larwa staje się wiotkawa i umiera, zwykle w ciągu kilku dni lub tygodnia. Zawartość ciała zmienia się na brązowo-czarną podczas rozkładu. Inne bakterie mogą zmienić kolor ciała żywiciela na czerwony lub żółty.

Względna skuteczność

Niektóre naturalnie występujące bakterie mogą powodować epizootie, szczególnie jeśli populacja szkodników jest pod wpływem stresu z powodu braku pożywienia, przepełnienia lub zimnej pogody. Te epizootyki nie są tak powszechne jak te spowodowane przez inne naturalnie występujące patogeny. Jednak komercyjne receptury *Bacillus thuringiensis* są szeroko stosowane. Szklarnie, uprawy drzew i pól, drogi wodne i tysiące hektarów lasów są corocznie opryskiwane produktami komercyjnymi *B.T.* (Hoffmann i Frodsham, 1993).

Skuteczne stosowanie tych preparatów *B.t.* wymaga zastosowania ich do właściwych gatunków docelowych w odpowiednim stadium rozwoju, w odpowiednim stężeniu, w odpowiedniej temperaturze (wystarczająco ciepłej, aby owady mogły aktywnie żerować) i zanim szkodniki przedostaną się do rośliny uprawnej lub owoców, w których są chronione. Młode larwy są zazwyczaj najbardziej podatne. Wzrost gąsienic może być opóźniony, nawet jeśli zostanie zjedzone mniej niż śmiertelna dawka. Określenie, kiedy większość populacji szkodników znajduje się w stadium podatności, jest kluczem do optymalizacji stosowania tego mikrobiologicznego środka owadobójczego (Hokkanen i Hajek, 2003).

Nie wszystkie szkodniki gąsienicowe są równie podatne na *B.t.* armiotwór buraczany okazał się trudny do opanowania, a niektóre gatunki ćmy, w tym niektóre populacje ćmy diamentowej, głównego światowego szkodnika upraw Cole, rozwinęły odporność na toksyny *B.t.* var *kurstaki.* Wrażliwe są m.in. larwy korników, larwy squasha winorośli oraz larwy ćmy dorszowej, ale kontrola w terenie jest trudna, ponieważ szybko się wnikają i są chronione przez tkankę roślinną. *B.t.* jest skuteczny przeciwko urodźcowi europejskiemu, jeśli jest stosowany tak samo jak larwy się wylęgują. Preparaty *B.t.* do stosowania przeciwko chrząszczowi ziemniaczanemu colourado mogą mieć różną skuteczność (Beegle i Yamamoto, 1992).

Produkcja

Najczęściej stosowanym mikrobiologicznym środkiem owadobójczym jest bakteria *Bacillus thuringiensis* (w skrócie *Bt*). Produkty *Bt* są produkowane komercyjnie w dużych przemysłowych zbiornikach fermentacyjnych. Ponieważ bakterie żyją i rozmnażają się w odpowiednich warunkach, każda komórka produkuje (wewnętrznie) zarodnik i krystaliczną toksynę białkową zwaną endotoksyną. Większość komercyjnych produktów *B.T.* zawiera toksynę białkową i zarodniki, ale niektóre są hodowane w sposób, który daje tylko składnik toksynowy (Tanada i Kaya, 1993).

B.t. nie kolonizuje się ani nie przemieszcza (rozmnaża się i uporczywie zaraża kolejne pokolenia szkodnika) w środowisku w stopniu niezbędnym do zapewnienia ciągłego zwalczania szkodników docelowych. Bakterie mogą rozmnażać się u zarażonego żywiciela, ale rozmnażanie się bakterii u owada nie prowadzi do wytworzenia dużej ilości zarodników lub toksyn krystalicznych. Dulmage (1993) stwierdził, że produkty fermentacji są obecnie przeznaczone do kontroli wielu rodzajów mikroorganizmów chorobotwórczych. Fermentacje *B.t.* wymagają wysokiego poziomu węgla, azotu i tlenu:

> Mikroby tlenowe, takie jak *B.t.*, mają duże zapotrzebowanie na powietrze we wczesnych etapach fermentacji.
>
> Wysokie poziomy węglowodanów potrzebnych w procesie fermentacji *B.t.* są zazwyczaj dostarczane przez dekstrozę lub skrobię.
>
> Wysoki poziom azotu (z odpadów białkowych, hydrolizatów lub kukurydzy stromej) również stymuluje wzrost.

W ten sposób równowaga azotu i tlenu może mieć głęboki wpływ na pH podczas fermentacji. Prawidłowo stosowane pH fermentacji (od 5,4 do 8,4) może być kontrolowane poprzez właściwy dobór składników odżywczych, równoważenie kwasów z węglowodanów i zasad z białek. Wreszcie potrzebna jest również właściwa równowaga soli mineralnych. Jeden litr typowego medium może zawierać:

Proflo (20gm), Pepton (2,0gm), Dekstroza (15,0gm), Ekstrakt drożdżowy (2,0gm), CaC03 (l,Ogm), MgS04,7H20 (0,3gm), FeS04,7H20 (0,02gm) i ZnS047H20 (0,02gm), następnie uzupełnić wodą destylowaną do 1000 ml. Moraes, (1993) doniósł o badaniu zatytułowanym "Production and Utilization of *B. thuringiensis* for Crop Protection in Brazil". W swoim raporcie uzyskał, że w Brazylii pierwsze użycie *B. thringiensis (B.t.) rozpoczęło* się w 1960 r., ale ówczesny stan techniki nie był wystarczający, aby promować jego użycie. Do tej pory trudności w użyciu, pojawiają się, ponieważ rolnik nie rozumiał dużej różnicy między chemicznym i biologicznym środkiem owadobójczym, sposobu działania i skuteczności. W 1970 r. na Uniwersytecie Stanowym w Campinas (UNICAlvJP) w ramach nowego ukończonego programu w dziedzinie inżynierii żywności grupa naukowców rozpoczęła badania nad wszystkimi aspektami fermentacji *B.t.* W tym zakresie opracowano cztery prace magisterskie, większość z nich dotyczyła produkcji endotoksyn, część z nich dotyczyła egzotoksyn, zarówno w procesie fermentacji zanurzeniowej, jak i półstałej. Złożono dwa patenty BR 7608688 i BR 8500663, a transfer technologii jest w trakcie procesu. *B.t. ma* wiele zastosowań głównie na dużych plantacjach (bawełna, soja, warzywa) oraz na obszarach leśnych. W latach wschodnich interesowano się rozwojem egzotoksyny, która ma być stosowana przeciwko komarom *(Aedes aegy> ptii).* Niektóre działania dotyczyły ochrony roślin poprzez inżynierię genetyczną, wprowadzenie genu *B.t.* do roślin (bawełna, pomidor, mosiądz, tytoń).

Komercjalizacja *B. thuringiensis* i innych Insektycydów Bakteryjnych została wyjaśniona przez Daoust (1993), podał on to: Bakterie od dawna są

związanych z owadami, ale tylko kilka gatunków jest patogenicznych lub wytwarza toksyny, które zabijają ich żywicieli. Jeszcze mniej bakterii zostało skomercjalizowanych do użycia jako środki owadobójcze. Pierwszą i najbardziej widoczną bakterią, która została skomercjalizowana jako środek owadobójczy, była krystaliczna zarodnikowiec *B. thuringiensis* (*B.t.*). Produkty na bazie *B. /.-* zostały po raz pierwszy sprzedane w Europie pod koniec lat 30-tych XX wieku. Wkrótce potem w Stanach Zjednoczonych został skomercjalizowany czynnik wywołujący chorobę zarodników chrząszczy japońskich, *B. popilliae.* Istnieje wiele ważnych aspektów w komercjalizacji insektycydów bakteryjnych. 1) Identyfikacja szczepu,

selekcja jest pierwszym etapem w rozwoju insektycydów bakteryjnych,

produkcja, poprzez fermentację i dalsze przetwarzanie,

sformułowanie. Są to zasadnicze etapy w rozwoju produktu handlowego.

Inne istotne aspekty procesu komercjalizacji obejmują rejestrację przez odpowiednie organy regulacyjne w krajach, w których produkt końcowy będzie sprzedawany, oraz kontrolę jakości w celu zapewnienia spójności i jakości produktu, co ma służyć pomyślnej komercjalizacji. Rozbudowa terenowa jest ostatnim etapem procesu komercjalizacji, generalnie przeprowadzanym równolegle z badaniami bezpieczeństwa wymaganymi do rejestracji.

Wszystkie produkty *B.t.* zawierają składniki inne niż *B.t.* Są one oznaczone jedynie jako składniki "obojętne" i są nazywane przez producentów produktów tajemnicami handlowymi. Składniki "obojętne" są potencjalnie najbardziej toksycznymi składnikami preparatów, (Hokkanen i Hajek, 2003).

Moraes (1993) doniósł o badaniu zatytułowanym "Production and Utilization of *B. thuringiensis* for Crop Protection in Brazil". W swoim raporcie uzyskał, że w Brazylii pierwsze użycie *B. thringiensis (B.t.) rozpoczęło* się w 1960 r., ale ówczesny stan techniki nie był wystarczający, aby promować jego użycie. Do tej pory trudności w użyciu, pojawiają się, ponieważ rolnik nie rozumiał dużej różnicy między chemicznym i biologicznym środkiem owadobójczym, sposobu działania i skuteczności. W 1970 r. na Uniwersytecie Stanowym w Campinas (UNICAlvJP) w ramach nowego ukończonego programu w dziedzinie inżynierii żywności grupa naukowców rozpoczęła badania nad wszystkimi aspektami fermentacji *B.t.* W tym zakresie opracowano cztery prace magisterskie, większość z nich dotyczyła produkcji endotoksyn, część z nich dotyczyła egzotoksyn, zarówno w procesie fermentacji zanurzeniowej, jak i półstałej. Złożono dwa patenty BR 7608688 i BR 8500663, a transfer technologii jest w trakcie procesu. *B.t. ma* wiele zastosowań głównie na dużych plantacjach (bawełna, soja, warzywa) oraz na obszarach leśnych. W ostatnich latach, zainteresowanie zostało odwrócone do rozwoju egzotoksyny do stosowania przeciwko komarom *(Aedes aegyptii).* Niektóre działania dotyczyły ochrony roślin poprzez genetyczną

inżynieria, wprowadzenie genu *B.t.* do roślin (bawełna, pomidor, mosiądz, tytoń).

W Egipcie: Lokalna produkcja *Bacillus thuringiensis:* Advantages and Constraints to the Pilot studies by **Foda** *et. al.* **(1993),** stwierdzili oni, że produkcja odbywa się za pomocą ruchomej jednostki fermentacji zanurzeniowej znajdującej się w cukrowni niedaleko Kairu. Podłoża fermentacyjne oparte na dostępnych lokalnie rolno-przemysłowych produktach ubocznych zostały z powodzeniem wykorzystane do produkcji *B.t.* vars. *galleriae* HD-234 i HD-282, które były aktywne w badaniach terenowych przeciwko zakażeniu upraw bawełny i soi przez *Spodoptera littoral.*

Problemy związane z opadami endotoksyn i suszeniem są omawiane w świetle niektórych opracowanych wykonalnych rozwiązań.

Salama (1993) badał uporczywość *B. thuringiensis* na otwartym polu, stwierdził, że *B. thuringiensis (B.t.)* ma bardzo krótki efektywny czas życia resztkowego. Trwałość zarodników *B.t.* jest stopniowo skorelowana z czasem ekspozycji w terenie. Sabbour (1992) badał różne podejścia w celu przezwyciężenia tego problemu kontrolował ćmę ziemniaczaną przez różne szczepy B,t. n Stymulanty do karmienia roślin, wyciągi z roślin żywicielskich, proszki do liści lub oleje okazały się być adiuwantami zwiększającymi siłę działania *B.t.* na różne gatunki owadów trądożernych. Z dużym powodzeniem opracowano również podejścia biochemiczne. Podejścia te opierały się na włączeniu niektórych wybranych nietoksycznych związków chemicznych, o różnym sposobie działania z endotoksyną podawaną larwom, co prowadziło do ich nasilenia. Spośród badanych związków niektóre sole nieorganiczne, środki rozpuszczające białka, aminokwasy i amidy, wykazały znaczne nasilenie aktywności endotoksyn wobec docelowych owadów. Znaczenie tych ustaleń w odniesieniu do działania wzmacniającego toksyczność niektórych badanych związków polega na tym, że większość z nich jest tania, nietoksyczna dla ludzi i zwierząt, co zwiększa ich wykonalność w zastosowaniu. Wyniki te niewątpliwie byłyby interesujące zarówno dla prac badawczych, jak i dla przemysłu.

Salama *et.al.* (2004) wyizolowali kilka kultur bakterii należących do bakterii, aktynomiocytów i grzybów durynowych, których badanie nosiło tytuł "Infection of red palm weevil, *Rhynchophorus ferrugineus* by spore sporeporeforming bacilli indigenous to its natural habitat in Egypt". Spośród otrzymanych kultur, z naturalnych siedlisk związanych z uszkodzonymi przez owady palmami daktylowymi w Egipcie wyizolowano dodatkowo trzy silne pałeczki tworzące zarodniki. Wyizolowane kultury bakteryjne (szczepy 73, 15 i 27) zidentyfikowano jako warianty odpowiednio *B. sphaericus, B. megaterium* i *B. laterosporus.* W standardowych warunkach próby biologicznej śmiertelność larw drugiego ramienia docelowego owada wywołana przez trzy izolowane warianty pałeczek wahała się między 40 a 60%. Najbardziej aktywna kultura (szczep nr 73) została zidentyfikowana jako *B. sphaericus.* Sabbour, (2017), badał B.t przeciwko Bactrocera sp, w kartotekach oliwnych i zredukował te szkodniki na polach. (Sabbour i Nayera ,(2016), Sabbour i Singer (2016), odizolowali dwa szczepy egipskie od gleby i wykorzystali je w niej. Stwierdzili, że liść pomidora został nieznacznie zredukowany przez szczepy bakteryjne i daje pełną ochronę uprawom. Sabbour, 2001), potraktowała *Earias insulan* przez Bt i grzyby *Beauveria bassiana*, stwierdziła, że liczba owadów znacznie spadła na polach kukurydzy. Sabbour et al. 2012 a,b) użył szczepu B.t przeciwko *Heliothis armigera.* Sabbour i Maysa,(2014,a,b,c) stosowały izolowany B.t w stosunku do produktów przechowywanych w warunkach przechowywania . Stwierdzili oni, że przechowywane szkodniki, *Sitophilus oryzae* (L.) (Coleoptera: Curculionidae) , czerwony chrząszcz mączny *Tribolium castaneum* i pomylony chrząszcz mączny, *Tribolium confusum* (Coleoptera: Tenebrionidae) i *Callosobruchus chinensis* , *Callosobruchus maculatus* (Coleoptera: Tenebrionidae) zmniejszyły swoją liczbę w magazynach.

Fermentacja Bacillus thuringiensis

Pod koniec fermentacji *B. thuringiensis*, formulator ma do czynienia ze złożoną mieszaniną kryształów toksyn, zarodników, średnich ciał stałych i rozpuszcza się z wysoką zawartością wilgoci. Istnieją dwie alternatywne technologie, półstała i głęboka ciecz.

W fermentacji półstałej bakterie rosną na sterylizowanym, zwilżonym, napowietrzonym, kruchym, stałym podłożu, co ilustrują Dulmage i Rodos (1971). Może on być obojętny, np. wermikulit, lub sam w sobie stanowić składnik odżywczy, np. otręby pszenne. Kiedy większość komórek zakończy sporulację, chociaż kilka komórek wegetatywnych pozostanie zdolnych do dalszego wzrostu, fermentacja zostaje zatrzymana, a produkt techniczny stabilizuje się przez suszenie gorącym powietrzem do wilgotności 5% lub mniejszej; jest to krytyczne dla dobrego przechowywania. Zbrylanie się substratu stwarza problemy podczas fermentacji, utrudnia nawet napowietrzanie masy fermentacyjnej i utrudnia suszenie. Po wysuszeniu, stałe podłoże pełni rolę nośnika-wypełniacza, a produkt techniczny jest rozdrabniany - proces energochłonny - do wymaganej wielkości cząsteczek. Należy używać szlifierek, które nie wytwarzają nadmiernego ciepła. Podłoża, które pęcznieją podczas zwilżania do oprysku, np. otręby, muszą być odpowiednio drobno zmielone, aby zapobiec blokowaniu dysz przez opuchnięte cząsteczki. Dodatki są mieszane z produktem technicznym w celu uzyskania pyłów i granulatów oraz zwilżalnych proszków.

Działanie systemowe

Do tej pory systemowe działanie patogenów owadów osiągnięto jedynie za pomocą 8-endotoksyny *B. thuringiensis.* Istnieją dwie metody systemowego działania endotoksyny. Gen toksyny może zostać przekształcony w rośliny w celu wytworzenia toksyny w tkance roślinnej, co ma już ogromny wpływ na wykorzystanie *B. thuringiensis* do zwalczania szkodników. Roślinę można zaszczepić komensalnymi mikroorganizmami endofitycznymi, które same przekształcają się z genem toksyny. Fadel i Sabbour (1998), wykorzystują wykorzystanie odpadów kawowych do produkcji bakterii B.t w procesie fermentacji w stanie stałym.

Rośliny produkujące toksyny

Transformacja genów toksyny *B. thuringiensis* w rośliny została poddana przeglądowi przez Ely'ego (1993). Poziomy ekspresji toksyn zostały stopniowo zwiększone do 0,1% całkowitego rozpuszczalnego białka roślinnego (Hickle and Fitch, 1990), co odpowiada około 0,003% toksyn w przypadku inpestu, który jest normalnie zwalczany środkami owadobójczymi *B. thuringiensis, takimi jak Spodoptera* spp.

Po udoskonaleniu przekształconego zakładu nie są konieczne żadne dalsze działania ze strony użytkownika, z wyjątkiem ewentualnego zarządzania oporami. Toksyna systemowa chroni roślinę w sposób systemowy, często przez cały okres życia rośliny, a następnie ulega biodegradacji wraz z jej pozostałościami. Gen jest przenoszony w nasionach. W 1996 r. transgeniczne odmiany kukurydzy, bawełny i ziemniaka były uprawiane komercyjnie na ponad 2 mln akrów w USA. Gelemter (1997) stwierdza, że "ogólna wydajność upraw była najwyższa". Pokonując większość problemów, które nękały mikrobiologiczne środki owadobójcze - co najważniejsze, dostawa do docelowego owada - rośliny *B. thuringiensis wykonały* skok kwantowy niezbędny do przekształcenia *B. thuringiensis* z nowości w produkt główny.

Wirusy owadów

A) Cząsteczki bakulowirusa, czyli polihedra;
B) Przekrój poprzeczny wielościanu;
C) Schemat przekroju poprzecznego wielościanu.

Choroby wirusowe zostały stwierdzone w 13 rzędach owadów i najprawdopodobniej występują we wszystkich rzędach. Wirusy są najprostszymi "formami życia" dotychczas odzyskanymi od owadów i składają się z rdzenia kwasu nukleinowego oraz białkowej skorupki lub kapsułki. Ten nukleokapid może być również otoczony lipidową kopertą dwuwarstwową, a jeśli tak, to nazywany jest wirusem. Niektóre wirusy są dodatkowo zatkane w matrycy białkowej. Matryca nazywana jest "ciałem okluzyjnym". Ciała okluzji znajdują się w trzech rodzinach wirusów i wydają się ewoluować niezależnie w każdej z nich.

Wirusy owadów mogą mieć postać dwuniciowego lub jednoniciowego DNA (odpowiednio dsDNA i ssDNA) lub dwuniciowego lub jednoniciowego RNA (odpowiednio dsRNA i ssRNA), otoczonego lub nie otoczonego i zatkanego w ochronnej matrycy białkowej lub nie otoczonego. Wirusy, które występują głównie lub wyłącznie u owadów, znajdują się obecnie w 12 rodzinach i jednej niesklasyfikowanej grupie (Miller, 1998); wirusy w rodzinach, które zostały wyizolowane, ale nie są powszechne u owadów, nie są tu uwzględnione. Nie istnieją wyższe klasyfikacje taksonomiczne dla wirusów (Międzynarodowy Komitet ds. Taksonomii Wirusów, 1991). Poniższe rodziny są objęte tym programem:

Wirusy DNA Bakulowirusy

Wirusy polihedrozy jądrowej (NPV)Granulowirusy (GV)

Inne wirusy DNA

Askowirusy, Irydowirusy, Parwowirusy, Polydnawirusy, Ospy owcze

Wirusy RNA Reovirusy

Wirusy polihedrozy cytoplazmatycznej

Inne wirusy DNA

Ascovirusy, Iridoviridae, Parvoviridae, Polydnaviridae, Poxviridae Ascovirusy

Są to wirusy dsDNA, rodzina Ascoviridae, (Federici, 1983), które posiadają duży genom i unikalną kopertę z sześciokątnym wzorem. Chociaż nie są one zamknięte w macierzy jednobiałowej, wirusy ascovirusowe mieszają się z białkami i mikrokomórkami tworząc pęcherzykowe ciało okluzyjne (Tanada i Kaya, 1993). Askowirusy powodują hipertrofię jąder gospodarza i komórek w jego tridopterycznych żywicielach (Federici, 1983) i w końcu pęknięcie jądra. Błony cytoplazmatyczne tworzą się w arkuszach w komórce i powodują powstawanie pęcherzyków, które uwalniają się do tkanek gospodarza i hemolimfy, gdy rozpadną się błony podstawne komórki. Askowirusy zarażają wiele tkanek, ale ciało tłuste jest zawsze zainfekowane. Infekcje są zazwyczaj przewlekłe, powodując zmiany koloru u żywiciela i trudności w topnieniu. Śmiertelność występuje w ciągu 12-21 dni po zakażeniu. Wirusy te wydają się być skuteczniej przenoszone przez pasożyty niż doustnie (Tanada i Kaya, 1993) i zostały wyizolowane tylko z Lepidoptera i jednej ich pneumonidowej osy (Bigot i ah, 1997).

Kontrola biologiczna: Bardzo niewiele wiadomo o ekologii i genetyce tej grupy. W populacjach ostronosów stwierdzono, że powodują one od 1 do 25% śmiertelności, co wskazuje, że mogą być ważnymi składnikami naturalnego kompleksu wrogów niektórych gatunków ostronosów.

Iridoviridae

Irydowirusy (Family Iridoviridae) są dużymi, nierozwiniętymi, nie zamkniętymi wirusami dsDNA, które mają kształt iskosedry. Nazwa pochodzi od "wirusa opalizującego", który odnosi się do charakterystycznego mikrokrystalicznego układu sieciowego wirusów w komórkach gospodarza, które powodują braggowskie odbicie światła widzialnego (Williams i Smith, 1957). Irydowirusy występują zarówno u kręgowców, jak i bezkręgowców i są obecnie przypisane do tego samego rodzaju (*Irydowirus*), z wyjątkiem jednego izolatu od komara (*Chloriridowirus*) (Williams, 1998). Ta rodzina wirusów została wyizolowana z Coleoptera, Diptera, Hemiptera, Lepidoptera (Hall, 1985) i Orthoptera (Boucias *i in.*, 1987), a także z niektórych stawonogów nie będących insektami. Większość irydowirusów nie jest przenoszona transowarialnie i nie jest łatwo przenoszona ustnie. Przenoszenie może zależeć od masywnych dawek jakie mogą być napotkane z powodu kanibalizmu lub mechanicznego przenoszenia przez pasożytów (Williams, 1998). Infekcje mają zwykle charakter ogólnoustrojowy, ale szczególnie dotknięte są tłuszczem ciała i naskórka żywiciela. Mimo że ma charakter przewlekły, zakażenie wirusem jest zazwyczaj śmiertelne. Jądra komórek są niszczone, co prowadzi do zniszczenia hemocytów.

Kontrola biologiczna: Badacze generalnie stwierdzają, że irydowirusy mają niewielką przydatność jako mikrobiologiczne środki owadobójcze ze względu na niską infekcyjność i ich przewlekły charakter. Jednak w populacjach polowych niektórych gatunków szkodników, takich jak komary, wirusy mogą być ważnymi składnikami naturalnych kompleksów wroga (Hembree, 1979; Fedorova, 1986). Biologia tej grupy nie jest wystarczająco dobrze poznana, aby przewidzieć możliwość zwiększenia zjadliwości lub zakaźności w celu stworzenia bioinsektycydów (Williams, 1998).

Parvoviridae

Jeden z rodzajów z rodziny Parvoviridae został odzyskany od owadów, *Densovirus* (DNV). Wirusy te, początkowo wyizolowane z woskownicy, *Galleria mellonella,* zostały obecnie wyizolowane z Diptera, Orthoptera, Blattodea, Odonata i innych

Lepidoptera (Kawase, 1985). Ten nierozwinięty wirus ssDNA charakteryzuje się wpływem na jądro komórek gospodarza i atakuje większość tkanek gospodarza. Zakażenie skutkuje ekstremalnym przerostem jąder komórkowych i wypełnieniem ich małymi cząstkami izometrycznymi. Jądra stają się silnie eozynofilowe (gęste jądra, stąd nazwa densovirus). Często dochodzi do przebarwień i paraliżu gospodarza. Wirusy te mogą być bardzo zjadliwe i zakaźne, a gatunek GmDNV spowodował w ostatnich latach poważne problemy dla przemysłu woskownikowego na Środkowym Zachodzie. Pomimo wysokiej zjadliwości densowirusy nie replikują się u kręgowców (Bergoin i Tijssen, 1998).

Kontrola biologiczna: Wysoka zjadliwość i obecność szkodników owadzich spowodowały pewne zainteresowanie stosowaniem densowirusów w kontroli biologicznej (Bergoin i Tijssen, 1998). Zainfekowane woskowce zostały umieszczone w ulach, aby skutecznie wyeliminować woskowce z uli (Lavie *et a!,* 1961). Inne gatunki szkodników również zostały pomyślnie poddane zabiegom, na przykład defoliacja oleju palmowego, *fusca Sibine* (Genty i Mariau, 1975). Jednak homologie sekwencji pomiędzy densowirusami i parwowirusami kręgowców budzą obawy co do stosowania, pomimo braku dowodów na to, że ten rodzaj może zarażać kręgowce. Wirusy te mają potencjał owadobójczy, dlatego należy dokładniej zbadać ich specyficzność i tropizm tkankowy (Bergoin i Tijssen, 1998).

Polydnaviridae

Polydnawirusy są otoczone, dwuniciowe, polydisperse DNA wirusy (stąd nazwa poly-DNA-wirus), które są unikalne ze względu na obowiązkową wzajemną relację z ich hymenoptera żywicieli. Chociaż nowe badania sugerują, że wirusy znalezione w innych pasożytniczych błonkoskrzydłych mogą należeć do grupy polidnawirusów, polidnawirusy są rozpoznawane tylko w kilku rodzajach ich pneumonidów i żywicieli warkoczowych (Webb, 1998). Polidnawirusy dzielą się na dwa rodzaje, *Bracovirusy* od nosicieli racicowatych i *Ichnovirusy* od nosicieli ich pneumonidów (Tanada i Kaya, 1993). Rodzaje są spokrewnione, ale są rozbieżnymi liniami genetycznymi. Relacje wirusów w obrębie rodzajów żywicieli są równoległe do relacji ich żywicieli, oczekiwane, ponieważ wirus jest zintegrowany z DNA żywiciela osy jako DNA prowirusowe i jest dziedziczony przez potomstwo (Whitfield, 1997). Polidnawirusy z genomu gospodarza i replikują się tylko w kielichu jajników gospodarza. Nie są znane żadne patogeniczne skutki dla żywiciela osy. Kiedy samica osy dostaje się do żywiciela, cząsteczki wirusa są wydzielane wraz z jajami. Wirus przedostaje się do komórek tkanki gospodarza, przede wszystkim do hemocytów, komórek tłuszczowych ciała, mięśni i tchawicy (Stoltz i Vinson, 1979). Nie replikuje się ona w tych tkankach, ale działa hamująco na układ odpornościowy gospodarza, ewentualnie w połączeniu z teratocytami i jadami os. Tłumienie odporności i opóźnienia w rozwoju żywiciela, które w rezultacie sprzyjają przetrwaniu jaj i larw pasożytów (Tanada i Kaya, 1993), a w rzeczywistości mogą być wymagane do przetrwania pasożytów (Webb, 1998). Wirusy, densowirusy nie replikują się u kręgowców (Bergoin i Tijssen, 1998). Kontrola biologiczna: Wysoka zjadliwość i obecność szkodników owadzich spowodowały pewne zainteresowanie stosowaniem densowirusów w kontroli biologicznej (Bergoin i Tijssen, 1998). Zainfekowane woskowce zostały umieszczone w ulach, aby skutecznie wyeliminować woskowce z uli (Lavie *et a!,* 1961). Inne gatunki szkodników również zostały pomyślnie poddane zabiegom, na przykład defoliacja oleju palmowego, *fusca Sibine* (Genty i Mariau, 1975). Jednak homologie sekwencji pomiędzy densowirusami i parwowirusami kręgowców budzą obawy co do stosowania, pomimo braku dowodów na to, że ten rodzaj może zarażać kręgowce. Wirusy te mają potencjał owadobójczy, dlatego należy dokładniej zbadać ich specyficzność i tropizm tkankowy (Bergoin i Tijssen, 1998). Reowirusy nie produkują polihedry. Cząstki wirusowe CVP mają kształt ikozedryny i mają 12 kolców lub występów na każdym z 12 wierzchołków cząstek. CP Vs zostały wyizolowane z Lepidoptera (80%), Diptera (16%), Hymenoptera (3%) oraz Coleoptera i Neuroptera (<1%) (Hukuara i Bonami, 1991). W Lepidoptera, CP Vs są przede wszystkim patogenami jelitowymi, ale niektóre gatunki CPV zarażają również tłuszcze i inne tkanki.

Przenoszenie CPV odbywa się drogą doustną, a po spożyciu przez gospodarza, polihedra CPV rozpuszcza się w sokach jelitowych i wirusy są uwalniane. Cząsteczki wirusa przyczepiają się do komórek jelita środkowego, a rdzeń infekcyjny wstrzykiwany jest przez kolce (Kobayashi, 1971). Nowe cząsteczki wirusa pojawiają się w cytoplazmie komórkowej w ciągu trzech godzin od zakażenia. CPV ma tendencję do bycia bardziej chronicznym i mniej zabójczym dla larw żywicieli niż inne wirusy, niemniej jednak zniszczenie tkanek jelit prowadzi do niedoborów żywieniowych i konsekwencji fizjologicznych (Billoncik i Mori, 1998). CPV wydają się mieć niewielki lub żaden wpływ na żywicieli diptera (Tanada i Kaya, 1993). W Lepidopterze objawy pojawiają się około 4 dni po zakażeniu. Silnie zarażone larwy stają się ospałe i mogą mieć biegunkę i wymioty. Larwy umierają w ciągu 7-15 dni, w zależności od gatunku CPV i żywiciela, początkowego inokulum, itp. (Billoncik i Mori, 1998).

Wirusy CPV mogą być ważnym problemem w laboratoryjnych koloniach owadów. W miarę upływu czasu zainfekowana kolonia traci produktywność i wigor, a także może zostać utracona. Ponieważ duża ilość polihedry znajduje się w kale, choroba może być łatwo przenoszona w obrębie kolonii. Ponadto istnieją pewne dowody na przenoszenie transovum u kilku gatunków.

Kontrola biologiczna: CPV są wysoce zakaźne, chronione przez polihedrę i mogą współdziałać z innymi patogenami, ale są również stosunkowo wolno działające i przewlekłe w naturze (Billoncik i Mori, 1998). Prawdopodobnie mają one większy potencjał w systemach, w których próg ekonomiczny jest wysoki (nie inaczej niż większość innych patogenów owadów), lub jako inokulacyjnie lub augmentatywnie uwolnieni wrogowie naturalni.

Produkcja bakulowirusa

Najbardziej opłacalną metodą produkcji bakulowirusów jest stosowanie ich u żywych owadów. Mogą być one produkowane w hodowli komórkowej na małą skalę, ale istnieją problemy z ich skalowaniem. Obecnie hodowla komórkowa jest co najmniej x 10 droższa niż produkcja *in vivo* (Mormet *i in.*, 1994), ale jej wielką zaletą byłoby praktycznie wyeliminowanie zanieczyszczeń, Lacey i Kaya [Eds.] 2007.

Przykład wytwarzania wirusa w larwach owadów opisany również przez Shapiro (1986). Istotnym problemem, który ma wpływ na recepturę, jest ograniczenie zawartości bakterii w jelitach martwych larw (Podgwaite *i in.*, 1983; Grzywacz *i in.*, 1997). Musi to być poniżej górnych limitów określonych przez wymogi rejestracyjne, ale bez obecności pierwotnych gatunków chorobotwórczych człowieka i z limitem ^{107} jednostek tworzących kolonie (d.u.)/g w niektórych krajach [a w USA przed 1983 r.; Agencja Ochrony Środowiska przyjmuje obecnie więcej, ostatnio aż 2 x 10s (N. R. Dubois, US Forest Service, Hamden, Connecticut, komunikacja osobista)]. Podczas gdy odłamki owadów i mikroorganizmy zanieczyszczające mogą być oddzielone od ciałek okluzyjnych wirusa za pomocą takich technik jak wirowanie z gradientem różnicowym (Harrap *i in.*, 1977), zwiększa to koszty o x4 (McKinley *i in.*, 1989). Modyfikacje na etapie replikacji wirusa, mające na celu poprawę składu preparatu, to przede wszystkim zahamowanie rozwoju bakterii tworzących zarodniki, np. stosowanie antybiotyków w pokarmie dla larw, dobra higiena i stabilizacja zwłok larw możliwie jak najszybciej po maksymalnej produkcji wirusa lub śmierci larw, np. przez głębokie zamrożenie. Inwazja bakteryjna może być zminimalizowana poprzez pobranie larw zainfekowanych wirusem tuż przed śmiercią (McKinley *i in.*, 1989).

Proszki nadające się do spożycia i granulaty rozpraszające wodę

Prototyp i wczesne produkty handlowe *B. thuringiensis* i NPV były proszkami zwilżalnymi, ponieważ są stosunkowo łatwe w produkcji. Wkrótce jednak okazało się, że preparaty te mają dwie wady: trudności z mieszaniem z wodą i stosunkowo duże rozmiary cząsteczek.

Dodatki

Dodatki pomagają opryskiwaczowi osiągnąć swój cel i poprawić jego wydajność, gdy już tam dotrze. Mokroć ułatwia pokrycie liści, fagostirnulanty poprawiają smakowitość, a synergetyki zwiększają działanie na larwy. Spośród zagrożeń po rozpyleniu deszczu, deszcz jest zwalczany przez naklejki, słońce przez filtry przeciwsłoneczne i allelochernics w liściach przez fagostirnulanty i dodatki neutralizujące. W kolejnych sekcjach ocenia się znaczenie każdego czynnika, a następnie skuteczność każdego rodzaju dodatku w funkcjonalnym zwiększaniu siły rozpylania lub zmniejszaniu negatywnych skutków zagrożeń.

Filtry przeciwsłoneczne

Dane na temat utrzymywania się w terenie mikrobiologicznych środków owadobójczych ujawniają, że światło słoneczne jest najbardziej destruktywnym z czynników środowiskowych (Ignoffo i Hostetter, 1977; Ignoffo *i inni,* 1977; Jones i McKinley, 1987; Jones, 1988a). Czynniki biorące udział w tej ocenie zostały omówione poniżej. W terenie okres półtrwania *B. thuringiensis* i bakulowirusów różni się znacznie, od zaledwie 10 h do 10 dni (Entwistle i Evans, 1985). Ogólnie rzecz biorąc, okres półtrwania w pełnym słońcu bez ekranów ochronnych wynosi *około* 24h.

Synergiści

Dodatki mają oszałamiający wachlarz interakcji z patogenami, począwszy od wielkiego wzrostu aktywności, a skończywszy na prawie całkowitym zahamowaniu śmierci żywiciela. Dodatek może być nieszkodliwy dla owada na własną rękę, ale w tym samym systemie host-patogen może mieć spektakularny efekt z patogenem jako klasyczny synergetyk, lub jego śmiertelne skutki mogą zrobić nie więcej niż dodanie do śmiertelności spowodowanej przez patogen, przejście, które mogą być zależne od dawki.

Hopperzy spożywają mniej paszy, a zakażone samice produkują mniej żywotnych jaj niż niezakażone samice. *Nosema locustcie* utrzymuje się na strąkach jajek, zapewniając różny stopień zakażenia w następnym sezonie. Skuteczność i wykorzystanie *Nosema locustae* w zwalczaniu koników polnych może wzrosnąć w miarę postępu badań.

Mobilność koników polnych, w połączeniu z faktem, że zainfekowane kosze są zabijane dopiero kilka tygodni po spożyciu patogenu, oznacza, że zastosowanie przynęt zawierających *Nosema locustae* na poszczególne trawniki lub ogrody prawdopodobnie nie spowoduje znacznego zagęszczenia lub uszkodzenia koników polnych.

Mikrosporidia są naturalnymi czynnikami regulującymi niektóre ważne gospodarczo populacje szkodników (Canning, 1990). Mikrosporidium koników polnych, Nosema locustae, osiągnęło komercyjny etap rozwoju dla biologicznej kontroli swoich żywicieli (Henry i Oma, 1981). Pierwotniaki są najbardziej zróżnicowaną taksonomicznie grupą patogenów owadów i aby jeszcze bardziej zagmatwać sprawę, zachodzą obecnie poważne zmiany w rozumieniu ich relacji taksonomicznych. Wszystkie pierwotniaki są jednokomórkowymi eukarionotami i w swoich interakcjach z owadami różnią się od komensualistów i spirytualistów, przez roślinne i zwierzęce patogeny wektorowane przez owady, po ostre patogeny owadów (Tanada i Kaya, 1993).

Sposób działania

Wejście do gospodarza odbywa się zazwyczaj poprzez spożycie, ale niektóre z nich mogą zaatakować przez skórkę. Niektóre gatunki mogą być przenoszone drogą transowarialną z zakażonych samic na ich potomstwo. Gatunki atakujące komórki gospodarza są zwykle spotykane w cytoplazmie komórkowej i są zazwyczaj bardziej patogeniczne niż gatunki pozakomórkowe.

Niektóre pierwotniaki wykazują tropizm tkankowy, infekując tylko niektóre tkanki lub organy, inne są układowe. Neogregaryny często wykazują tropizm tkankowy, tkanka lub tkanki zakażone są cechą charakterystyczną dla danego gatunku. Nie stwierdzono żadnych toksyn związanych z pierwotniakami u owadów. Śmierć lub osłabienie zarażonych żywicieli może być na przykład wynikiem rywalizacji o metabolity, zakłócenia normalnej funkcji komórek i tkanek lub zablokowania jelit lub innych organów przez gatunki pozakomórkowe. W przeciwieństwie do wirusów i niektórych bakterii, pierwotniaki zazwyczaj nie powodują pęknięcia integumentu gospodarza. Niektóre owady, takie jak komary, po zakażeniu stają się chlorotyczne lub białawe, a niektóre larwy z rzędu lepidopteranów lub coleopteranów zużywają mniej paszy, a zakażone samice produkują mniej żywotnych jaj niż niezakażone samice. *Nosema locustcie* utrzymuje się na strąkach jajek, zapewniając różny stopień zakażenia w następnym sezonie. Skuteczność i wykorzystanie *Nosema locustae* w zwalczaniu koników polnych może wzrosnąć w miarę postępu badań.

Mobilność koników polnych, w połączeniu z faktem, że zainfekowane kosze są zabijane dopiero kilka tygodni po spożyciu patogenu, oznacza, że zastosowanie przynęt zawierających *Nosema locustae* na poszczególne trawniki lub ogrody prawdopodobnie nie spowoduje znacznego zagęszczenia lub uszkodzenia koników polnych.

Mikrosporidia są naturalnymi czynnikami regulującymi niektóre ważne gospodarczo populacje szkodników (Canning, 1990). Mikrosporidium koników polnych, Nosema locustae, osiągnęło komercyjny etap rozwoju dla biologicznej kontroli swoich żywicieli (Henry i Oma, 1981). Pierwotniaki są najbardziej zróżnicowaną taksonomicznie grupą patogenów owadów i aby jeszcze bardziej zagmatwać sprawę, zachodzą obecnie poważne zmiany w rozumieniu ich relacji taksonomicznych. Wszystkie pierwotniaki są jednokomórkowymi eukarionotami i w swoich interakcjach z owadami różnią się od komensualistów i spirytualistów, przez roślinne i zwierzęce patogeny wektorowane przez owady, po ostre patogeny owadów (Tanada i Kaya, 1993).

Rola w kontroli szkodników: Ponieważ kokcydy występują zwykle u zwierząt innych niż owady (w tym kręgowce), nie przeprowadzono badań terenowych na kilku gatunkach, w przypadku których wydaje się, że istnieją pewne możliwości kontrolowania populacji żywicieli (Brooks, 1988).

Biczowate. Biczowate charakteryzują się morfologią dorosłych, formami ciała opartymi na kształcie i miejscu, z którego biczowaty wyłania się z kinetoplastu - organeli bogatej w DNA. Cykle życia są różne i różne etapy mają zazwyczaj różne formy ciała, w tym torbiele. Rozmnażanie seksualne ma miejsce, ale wydaje się być rzadkie; większość biczowników ulega prostemu rozszczepieniu binarnemu (Tanada i Kaya, 1993).

Około 400 gatunków biczowników jest związanych z owadami, ale tylko kilka z nich jest patogenicznych (Lipa, 1963). Większość entomogenicznych biczowników należy do rodziny Trypanosomatidae. Nie zostały one dobrze zbadane, a wiedza na temat patogenezy i transmisji między żywicielami jest ograniczona (Wallace, 1966). Choroba, biczowate lub biczowate, jest przede wszystkim zlokalizowana w przewodzie pokarmowym gospodarza, gdzie niektóre biczowate mogą tworzyć warstwę dywanową przymocowaną do ściany jelita za pomocą ich biczowate do splotu w mikrokrążki. Inne gatunki mogą być wolne w lumenach. Niektóre gatunki mogą jednak wchodzić w skład hemokosu, gruczołów ślinowych lub kanalików Malpighian i są one zazwyczaj bardziej zjadliwe, (Wallace, 1979).

Większość opisanych gatunków trypanosomów występuje u Flemiptera (35%) i Diptera (55%), a kilka w Siphonaptera. Stwierdzono, że jeden gatunek zaraża 26 gatunków muszek w różnych rodzinach w terenie. Transmisja między żywicielami odbywa się zazwyczaj poprzez spożycie kału, krwi, soków roślinnych, zwłok lub poprzez kanibalizm. Zakażenia u niektórych gatunków mogą utrzymywać się poprzez stadium larwalne do dorosłego stadium żywiciela, (Wallace, 1966).

Najbardziej znane bicze trypanosomatydowe nie są patogenami owadów, ale tymi, które są wektorowane przez owady na zwierzęta kręgowe. Niektóre z tych gatunków rozmnażają się w wektorze owadów, a kilka z nich może być również patogenicznych dla wektora. Dostępna jest ogromna literatura dotycząca badań nad biczami owadów wektorowanych, (Wallace, 1979).

Używany w Kontroli Szkodników: Ze względu na słabą patologię chorób biczowatych u owadów, zainteresowanie ich wykorzystaniem jako środków kontroli biologicznej jest niewielkie. Największe zainteresowanie tą grupą koncentruje się na roli żywicieli jako wektorów patogenów kręgowców.

Ciliates

Protiściści ci używają prostych lub złożonych rzęsek do lokomocji i karmienia, mają cytostom ("ujście komórki") i mają dwa rodzaje jąder, mikro- i makronuklei. Rozmnażanie seksualne odbywa się poprzez koniugację. Podział jest raczej poprzeczny niż wzdłużny (Tanada i Kaya, 1993). Większość gatunków kiliowatych to komensuały w przewodach pokarmowych owadów (zwłaszcza termitów i płocie). Tylko kilka z nich jest patogenicznych (Corliss i Coats, 1976). Większość gatunków chorobotwórczych należy do rodziny Tetrahymenidae. Gospodarzami są zazwyczaj komary i czarne muchy, których larwy mogą być atakowane w wodzie. Patogenne kiliowate przenikają do żywiciela i rozmnażają się w hemokusie, chociaż inne tkanki mogą zostać zaatakowane.

Sposób wejścia jest nieznany dla większości gatunków ciliate; usta, skóra i rany zostały hipotetycznie (i zweryfikowane w kilku gatunkach) jako punkty wejścia (Clark i Brandi, 1976; Washburn *i in.*, 1988). Patogeny mogą wykorzystywać tkanki tłuszczowe organizmu gospodarza, w którym to przypadku śmiertelność jest wysoka. Choroba cywilizacyjna nazywana jest ciliatozą.

Rola w kontroli szkodników: Ponieważ większość ciliates są komensals i ponieważ większość patogennych gatunków nie powoduje szybkich, ostrych chorób u ich gospodarzy, nie było większego zainteresowania wykorzystaniem tej grupy w programach kontroli biologicznej. Wykazano jednak, że niektóre gatunki patogeniczne są ważnymi naturalnymi wrogami niektórych gatunków owadów wodnych, w tym komarów.

Rodzaje receptur

Bakterie, wirusy i pierwotniaki atakują bakteryjnie i są stosowane do zwalczania szkodników żerujących w czterech siedliskach: liście, glebie, magazynach żywności i wodzie. Te środowiska stwarzają różne poważne problemy związane z formułowaniem. Jeśli chodzi o liście, najtrudniejszym problemem jest szybki wzrost młodych liści - Jones i McKinley (1987) donoszą o podwojeniu powierzchni liści bawełny w ciągu tygodnia, a jeszcze większe tempo wzrostu zanotowano w przypadku bawełny w Tajlandii (K.A. Jones, wyniki niepublikowane), tak skutecznie rozrzedzając pokrycie powierzchni opryskami i wymagając częstych kosztownych ponownych oprysków. W glebie wiele szkodników żeruje pod powierzchnią, do której trudno dotrzeć z mikroorganizmami pyłowymi, ponieważ gleba jest skutecznym filtrem zawiesin aplikowanych na jej powierzchnię. W składowanych partiach żywności podobnie trudno jest umieścić patogeny znacznie poniżej powierzchni masy. W wodzie trudno jest utrzymać mikroorganizmy zawieszone przez dłuższy czas w strefie żerowania szkodników, takich jak komary i larwy czarnych much. Zdecydowanie najskuteczniejszym sposobem na rozwiązanie tych głównych problemów we wszystkich środowiskach jest systemowe zastosowanie składnika aktywnego do roślin spożywczych szkodników, w szczególności za pomocą roślin transgenicznych. Mają charakterystyczny kolor na krótko przed lub w chwili śmierci. (Tanada i Kaya, 1993).

Względna skuteczność

Grzyby patogenne dla owadów zazwyczaj potrzebują wilgoci, aby umożliwić infekcję, a naturalne epizootyki są najczęściej spotykane w wilgotnych lub mokrych warunkach. Skuteczność tych grzybów w walce z owadami szkodnikami zależy od posiadania właściwego gatunku i szczepu grzybów o stadium życia podatnych owadów, przy odpowiedniej wilgotności, strukturze gleby (w celu dotarcia do żyjących w ziemi gatunków szkodników) i temperaturze. Zarodniki grzybów, które mogą być przenoszone przez wiatr lub wodę, muszą mieć kontakt z owadem szkodnikiem, aby spowodować infekcję. Naturalnie występujące epizootyki grzybów mogą dziesiątkować populacje mszyc, larw korzeniowych, gąsienic, koników liściowych i wciornastków. Mogą one być ważnym naturalnym środkiem zwalczania mszyc w ziemniakach i innych uprawach.

W glebie występuje wiele owadożernych grzybów patogennych. Istnieją dowody, że stosowanie niektórych insektycydów glebowych, fungicydów i herbicydów może hamować lub zabijać te grzyby. Na przykład, nawet dość niskie stężenia niektórych herbicydów mogą poważnie ograniczyć kiełkowanie i wzrost zarodników grzybów *Beauveria bassiana* w próbkach gleby.

Sposób działania

Grzyby atakują owady, penetrując ich skórkę. Wewnątrz owada, grzyb szybko rozmnaża się w całym organizmie. Śmierć jest spowodowana zniszczeniem tkanek, a czasami także toksynami wytwarzanymi przez grzyb. Grzyb często wyłania się z ciała owada, wytwarzając zarodniki, które w przypadku rozprzestrzenienia się pod wpływem wiatru, deszczu lub kontaktu z innymi owadami, mogą powodować rozprzestrzenianie się infekcji.

Grzyby powodują śmiertelność owadów przez jeden lub więcej z poniższych czynników:

A. niedobór składników odżywczych; (II) inwazja i zniszczenie tkanek oraz (III) uwolnienie toksyny. Niektóre grzyby są patogenami obowiązkowymi (np. Coelomyces, niektóre *Entomophthora* spp.), co oznacza, że ich cykle życiowe nie mogą być zakończone poza żywym owadem. Inne to patogeny fakultatywne, które są zdolne do wzrostu bez żywiciela owadów. Niektóre z nich są zjadliwymi patogenami i zabijają żywiciela w ciągu kilku dni (np. Entomophthoralis), inne wywołują przewlekłe i długotrwałe infekcje (np. *Massospora* spp.).

Sukcesywne przenoszenie w obrębie żywiciela może również prowadzić do zwiększenia zjadliwości lub wyizolowania bardziej zjadliwego szczepu. Z drugiej strony, kultura *in vitro* często prowadzi do zmniejszenia zjadliwości. Patogeniczność grzyba może być związana z produkcją enzymów i mikotoksyn w przebiegu infekcji u owada (tj. przy połknięciu, w kontakcie z komórkami lub w hemokule) (McCoy *i in.*, 1988). Wiele grzybów entomopatogenicznych pokonuje swoich żywicieli dopiero po ograniczonym wzroście w hemokule, więc toksyny przypuszczalnie powodują śmierć żywiciela. W przypadku większości grzybów rozwój choroby można podzielić na dziewięć kroków:

B. Przyczepienie jednostki infekcyjnej (konidium lub Zoospore) do naskórka owada.
C. Kiełkowanie jednostki inwazyjnej na skórze.
D. Penetracja naskórka przez rurki z kiełkami.
E. Mnożenie w fazie drożdżowej (ciała hiphalowe) w hemokuelu.
F. Produkcja toksycznych metabolitów.
G. Śmierć gospodarza.
H. Wzrost w fazie grzybni z inwazją praktycznie wszystkich organów żywiciela.
I. Penetracja hyphae od wewnątrz przez skórkę na zewnątrz owada.
J. Produkcja jednostki infekcyjnej na zewnętrznej stronie owada.

Oczywiście grzyby, które nie ukończą etapów 1-4, będą miały niską zjadliwość niezależnie od wysokiej zdolności biosyntetycznej toksyn.

Istnieją cztery główne cele badań nad metabolitami grzybów toksycznymi dla owadów:

A. Aby wyjaśnić sposób działania grzybów patogennych dla owadów.
B. Aby szukać nowych środków chemicznych do zwalczania owadów.
C. Ocena bezpieczeństwa określonych grzybów proponowanych do stosowania w zwalczaniu szkodników.
D. Prowadzenie podstawowych badań chemicznych produktów naturalnych.

Wysoce toksyczne izolaty grzybów szybciej zabijają swoich żywicieli i tym samym szybciej chronią rośliny. Insekty mogą być narażone na toksyczne metabolity grzybów na trzy sposoby:

(1) Per Os (spożycie).

(2) Kontakt skórny.

(3) Rozwój w obrębie lub wstrzyknięcie do hemoelementu.

Utrzymanie kultury

Dokładna identyfikacja grzybów entomopatogenicznych jest niezbędnym narzędziem dla naukowców zajmujących się przygotowywaniem skutecznych biopestycydów, jak również dla ekologów, którzy chcą mieć świadomość pełnego spektrum naturalnych wrogów w tej dziedzinie.

A. Zbieranie grzybów

Grzyby mogły być zbierane z martwych owadów w polu, gdzie martwe owady były zbierane w sterylnych szklanych lub plastikowych pojemnikach z nakrętkami, papierowych torbach lub kopertach. Pojemniki należy pozostawić otwarte na trzy do czterech dni, aby trupy wyschły. Nie powinna być sztucznie suszona ani wysuszona na słońcu. Próbki suszone na powietrzu mogą być przechowywane w temperaturze pokojowej przez kilka tygodni. Przez dłuższy czas próbki powinny być przechowywane w lodówce (5°C). Również grzyby mogą być zbierane od żywych owadów, gdzie niewielka ich część może być zainfekowana. Inkubacja choroby u żywych owadów może mieć miejsce do trzech tygodni. Insekty powinny trzymać się w klatkach. Stres (stłoczenie, duża wilgotność) może prowadzić do pojawienia się choroby. Jeśli organizm owadów jest twardszy, może to wskazywać na infekcję grzybiczą.

B. Techniki mikroskopii

Do identyfikacji grzybów odpowiedni jest mikroskop podstawowy o powiększeniu x 100 i x 400. Malutki kawałek zarówno grzybni jak i zarodników został oderwany od małego kawałka materiału. Następnie należy umieścić na tłustym szkiełku mikroskopowym mały basenik z plamami lub wodą, a na kropli umieścić czysty szkiełko przykrywające. Conidia powinna być łatwo widoczna przy x 400 dla bardziej pozytywnej identyfikacji mniejszej mocy.

C. Izolacja grzybów

Entomopatogeniczne grzyby uprawiają sportulację na zewnątrz owada gospodarza w wilgotnych warunkach, a w suchym środowisku - na zewnątrz i wewnątrz. Zarodniki na powierzchni owada zostały pobrane przez sterylną igłę. Zarodniki naniesione na kilka różnych mediów agarycznych w naczyniach Petriego z antybiotykami, np. agar z wody kranowej, agar z marchwi ziemniaczanej, agar ekstrahowany słodem. Płyty inkubowały się w temperaturze 20-28°C. Wszystkie hodowle badane codziennie pod mikroskopem stereoskopowym, jeśli martwe owady nie mają wzrostu zewnętrznego, konieczna jest inkubacja przez kilka dni przy wysokiej wilgotności. Wymagane jest również zastosowanie specyficznej plamy grzybiczej, np. niebieskiej bawełny w laktofenolu. Jeżeli owady nie zostały odpowiednio wysuszone lub były martwe zbyt długo, inne zanieczyszczające patogeny mogą ukryć wzrost patogenów, które zabiły owady. W takim przypadku martwe owady były sterylizowane powierzchniowo w podchlorynie sodu przez kilka minut, a następnie trzykrotnie płukane w sterylnej, destylowanej wodzie i należy zastosować resztę techniki.

D. Kultura grzybów

Płytki agarowe zostały przygotowane za pomocą sterylnej pętli drucianej; przetrwalniki należy przenieść i przesunąć na płytki agarowe. Grzyb pozostawiony do wyrośnięcia, aż do powstania zarodników. Następnie zamknięte hermetycznie do krótkotrwałego przechowywania, płyty przechowywane w lodówce w temperaturze 5-10°C. Do długotrwałego przechowywania agar pokryty sterylną, płynną parafiną.

E. **Przechowywanie grzybów**

Grzyby mogą być przechowywane albo jako inokulum, gotowe do dalszej uprawy, albo jako zarodniki gotowe do oprysku. Bardzo ważne jest utrzymanie szczepów grzybów, aby zapewnić ich zjadliwość. W krótkim okresie czasu, grzyby przechowywane na zboczach agaru w temperaturze 4°C i w miarę możliwości w temperaturze -20°C.

W przypadku długotrwałego przechowywania, niezbędne jest złożenie szczepów w uznanym depozycie, takim jak IMI (Międzynarodowy Instytut Mikologiczny), CBS (Centralne Biuro von Schimmel Kultur) lub ARSEF (Służba Badań Rolniczych Zbiórka Grzybów Entomopatogennych, USD A). W składowisku otrzymają numer akcesyjny i będą trwale przechowywane w temperaturze 20°C w ciekłym azocie lub będą liofilizowane. Szczepy grzybów muszą być odpowiednio zidentyfikowane.

Utrzymanie zjadliwości jest niezwykle ważne. Grzyby mogą stracić zjadliwość, jeśli będą wielokrotnie uprawiane na sztucznych nośnikach. Można tego uniknąć, rozwiązując problem zainfekowanych wirusów. Oryginalne zainfekowane owady muszą być przechowywane. Zarodniki są najbardziej odpornym etapem cyklu życia grzybów. Zarodniki *Beauveria bassiana* mają ponad 80% żywotności przez okres do 10 dni w temperaturze 40°C. Jeśli temperatura i wilgotność względna powietrza mogą wygasnąć w ciągu tygodnia. *Metarhizium anisopliae* i *Beauveria bassiana mogą* wytrzymać temperaturę do 50°C przez mniej niż 10 minut. Odpoczywające zarodniki mogą wytrzymać do 100°C przez okres do 30 minut.

Masowa produkcja grzybów entomopatogenicznych

Pierwszym krokiem w rozwoju wykorzystania grzybów jako czynnika biokontroli jest znalezienie skutecznego szczepu grzybów. Zazwyczaj odbywa się to poprzez opracowanie procedury testu biologicznego. Po zidentyfikowaniu odpowiedniego izolatu w ramach procedury próby biologicznej, izolat powinien być następnie zbadany na dużą skalę w terenie. Jednakże potrzebna kwota może być sto lub tysiące razy większa niż w przypadku pracy na małą skalę. Na tym etapie należy opracować bardziej efektywne metody produkcji masowej.

F. **Produkcja** *in vivo*

Wiele obowiązkowych grzybów entomopatogenicznych ma złożone wymagania żywieniowe i jest bardzo trudnych, jeśli nie niemożliwych, do uprawy w sztucznej hodowli. Dlatego jedyną alternatywą jest rozmnażanie tych grzybów in vivo (Ignoffo i Hink, 1971). Jednakże produkcja in vivo jest stosunkowo kosztowna i wątpliwe jest, aby metoda ta mogła być kiedykolwiek ekonomicznie wykorzystana do masowej produkcji grzyba w celu zastosowania mikrobiologicznego środka owadobójczego.

Produkcja ***in vivo*** może być wykorzystywana do rozprzestrzeniania się grzyba w ramach programu kontroli klasycznej lub inokulacyjnej. Produkcja in vivo, inokulum może zostać wprowadzone na obszar, na którym nie występuje, lub do wprowadzenia epizootii w czasie, w którym nie wystąpiłaby ona normalnie, na przykład, nadal istnieje możliwość klasycznej kontroli biologicznej poprzez wprowadzenie szczepów lub gatunków grzybów z innego obszaru geograficznego. *Entomophaga grylli* (Fresenius) Batko, grzyb odpowiedzialny za liczne epizootie u koników polnych na całym świecie (Milner, 1978; Erlandson *i in.,* 1988). Pomyślne wykorzystanie tego grzyba jako mikrobiologicznego środka owadobójczego wymagałoby masowej produkcji *in vivo* Praca wykonana przez Carruthers *et al.* (1991) ma na celu wykorzystanie w USA szczególnie zjadliwej ścieżki typu *E. grylli* importowanej z Australii.

G. **Produkcja** *in vitro*

Przy masowej produkcji patogenu grzybowego istotne jest, aby szczep ten był dobrze utrzymany. Musi być wolny od wszelkich zanieczyszczeń i starannie konserwowany, aby nie tylko pozostał żywotny w kulturze agaru, ale także zachował swoją zjadliwość. Izolaty najlepiej przechowywać na agarze marchwiowym (PCA), który może być przechowywany w lodówce od sześciu miesięcy do jednego roku. Zarodniki z tych kultur mogą być wykorzystane do zaszczepienia kultury roboczej w produkcji masowej. W przypadku długotrwałego przechowywania, szczepy grzybów powinny być okresowo przemieszczane przez pierwotnego żywiciela lub blisko spokrewnione gatunki.

2.1. Fermentacja w zanurzonej kulturze (Podłoża płynne) (Etap 1)

Przynajmniej w krajach rozwiniętych fermentacja przemysłowa stanowi najprostszy i najbardziej ekonomiczny sposób produkcji dużej liczby zarodników grzybów *Verticillium lecanii* (Zimmermann) Viegas (jako zarodników eksplozji) do zwalczania mszyc (Mycotal) i mączlika (Aleyrodidae) (Vertalec) (Latge *i in.*, 1986) oraz niektórych szczepów *Beauveria bassiana* (Balsamo) Vuillemin do zwalczania owadów (Thomas *i in.* , 1987). Niektóre grzyby mogą sporulować nawet w hodowli płynnej w kolbach. Ogólnie rzecz biorąc, do rozpuszczenia tlenu wymagane jest mieszanie, Rodzaj mieszania może być ważny i stosunek powietrza do cieczy, jak również powierzchnia musi być wysoka, można użyć kolb stożkowych 50-2000 ml, medium jest sterylizowane w kolbie, opierając się na porowatym zamknięciu, takim jak bawełna, aby działać jako filtr wgłębny .Zaawansowane Wytrząsarki, w których temperatura i światło są kontrolowane są niezbędne.

Wytrząsarka pilotowa do produkcji na dużą skalę pozwala na większe doprowadzenie tlenu i kontrolę temperatury, PH, mieszania i spieniania. Ponieważ rozpuszczalność tlenu w wodzie wynosi około 6 ppm, transfer tlenu może być zwiększony poprzez mieszanie, które minimalizuje duży opór graniczny i maksymalizuje powierzchnię do transferu, a tym samym prędkość i średnicę wirnika. Powinna wynosić jedną trzecią średnicy reaktora (fermentatora) Standardowe reaktory przemysłowe mają pojemność od 1000 L do 800000 L. W przypadku fermentora może to być hodowla wsadowa, Simi- wsadowa lub ciągła (Trinic i Wiebe, 1990). Hodowla wsadowa jest najprostszą procedurą z mniejszym prawdopodobieństwem koncentracji. Wyjście produktu następuje po krzywej sigmoidalnej z opóźnieniem, wykładniczej, stacjonarnej i być może spadkowej, faz. Na wzrost produktu może mieć wpływ ograniczenie i zahamowanie wzrostu substratu, zahamowanie wzrostu produktu, a także temperatura i PH. W przypadku grzybów włóknistych wzrost w fazie wykładniczej jest ograniczony w porównaniu z grzybami jednokomórkowymi.

Chociaż maksymalna całkowita liczba zarodników grzybów może być uzyskana w fazie stacjonarnej, zarodniki zebrane w fazie wykładniczej mogą mieć wysoki procent żywotności. W takim przypadku hodowla półmasowa może być warta wiele.

Podłoża do wzrostu grzybów biokontrolnych powinny być jak najprostsze, wykorzystujące standardowy zestaw soli nieorganicznych oraz źródło węgla i azotu. Produkcja może zostać zwiększona poprzez rozpoczęcie procesu fermentacji z dużą objętością lub koncentracją kultury starterowej. Może być konieczne przesiewanie izolatów pod kątem produktywności zarodników podczas fermentacji. Najbardziej zjadliwe izolaty mogą być najbardziej produktywne in vitro. Odzyskiwanie zarodników z fermentatora może stanowić problem w przypadku grzybów włóknistych, wymagających dużych wirówek do odwirowywania zarodników. Metody filtracji często pozostawiają dużą ilość zarodników w masie grzybni.

Następnym krokiem jest osuszenie produktu w celu jego długotrwałego przechowywania. Jeśli jest to trudne do zrobienia i utrzymania żywotności, lepiej jest mieć produkt w płynie z jak świeżego mleka. Suszenie powinno odbywać się tak szybko jak to możliwe w czystych warunkach, aby zapobiec skażeniu bakteryjnemu. Zarodniki mogą być wypłukiwane podczas procesu zbierania, ale mogą zmniejszać zakaźność poprzez usuwanie enzymów w matrycy otaczającej zarodniki (McRae i Stevens, 1990). Materiał obojętny, taki jak kaolin, ziemia okrzemkowa lub żel krzemionkowy, może być odpowiedni do przyspieszenia suszenia i pełnić funkcję nośnika. Niektóre grzyby nie sporulują w zanurzonych kulturach mogą wytwarzać grzybnie, które mogą być suszone (Pereira i Roberts, 1990) i stosowane jako fragmenty lub granulki w polu jako *Metarhizium anisopliae* (Metschnikoff) Sorokin produkowane przez Bayer, Monachium, Niemcy jako Bio 1020. Takie grzyby sporulują po rosie (Roberts i Wraight, 1986).

Przykładowy składnik mediów płynnych:- Melasa20-50g/L. Fosforan amonu3 g/ L. Siarczan miedzi (7 H20) 0,5 g/l.

a. Fermentacja substratów stałych (Media stałe) Etap 2

Faza substratu stałego w produkcji masowej stanowi fizyczne wsparcie dla grzyba do produkcji konidiów powietrznych (rozmnożenia infekcyjnego, które najlepiej nadają się do przechowywania i formowania w oleju). Zazwyczaj jest to najlepsze rozwiązanie dla grzybów w klasie Hyphomycetes. *M. anisopliae* jest produkowany komercyjnie w Brazylii w celu zwalczania pluskwy cukrowej *(Mahanarva posticata* (Stal)).

Grzyb jest uprawiany na sterylizowanym ryżu w autoklawowalnych workach polietylenowych przez 1520 dni, odwodniony w temperaturze 25°C i 35% wilgotności względnej przez 72 h, a następnie zmielony w celu uzyskania stożkowatego proszku (Aquino *i in.*, 1975, 1977). Metoda hodowli powierzchniowej została opracowana przez Goettela (1984) w celu wytworzenia konidiów kilku Hyphomycetes, w tym *B. bassiana,* na otrębach pszennych oraz przez Daoust i Roberts (1983) w celu wytworzenia konidiów *M. anisopliae* na ryżu.

Masowa produkcja *B. bassiana* z wykorzystaniem kultury powierzchniowej trwa od wielu lat w poprzednim ZSRR i Chińskiej Republice Ludowej. Na przykład 22t

Boverin *(B. bassiana* plus składniki obojętne) zostało wyprodukowane z zakładu pilotażowego w poprzednim ZSRR (Ferron, 1981).

Przełomem było opracowanie przez Mycotech Corporation solidnej kultury dla *B. bassiana. W* procesie tym wykorzystuje się zapakowane podłoże, stałe podłoże hodowlane. Faza gazowa pozostaje w przestrzeni międzycząsteczkowej, a grzyb rosnący na podłożu międzycząsteczkowym jest napowietrzany bezpośrednio z fazy gazowej. Suche, stożkowe proszki zawierają do 1011 zarodników / g. Santa et al.-j (2005) wyprodukowane z *B. bassiana w* drodze fermentacji w stanie stałym z wykorzystaniem odrzuconych ziemniaków, jako substratu. W wynikach wykorzystano różne pozostałości rolno-przemysłowe (ziemniaki odrzucone, łuska kawy, ziemniaki odrzucone + wytłoki z trzciny cukrowej 50:50 oraz ziemniaki odrzucone + wytłoki z trzciny cukrowej 50:50) i stwierdzono, że ziemniaki odrzucone i wytłoki z trzciny cukrowej stanowią 3,8 x ^{107} zarodników/g suchej masy.

b. System dwufazowy

Dwufazowy system został zastosowany w produkcji *B. bassiana* i *M. anisopliae w* poprzednim ZSRR, gdzie grzybnia produkowana w głębokiej fermentacji zbiornikowej może sporulować w płytkich otwartych tackach (Goral i Lappa, 1973; Roberts i Yendol, 1981).

Bartlett i Jaronski (1988) zwracają uwagę na problem wielkości produkcji. W ten sposób, gdyby wykorzystano produkcję cieczy zanurzeniowej, na każdy hektar poddawany obróbce potrzebna byłaby wydajność fermentacji przekraczająca 300 l. Poza tym, ulepszone techniki recepturowania i aplikacji mogą zmniejszyć gęstość zarodników wymaganych w terenie.

H. **Techniki produkcji masowej**

Najczęściej jest używany, lub prawdopodobnie będzie używany:

B) **Produkcja w szeroko wycinanych szklanych butelkach**

Metoda ta jest szeroko stosowana w północno-wschodniej Brazylii od 1969 roku do masowej produkcji *M. anisopliae* i *B. bassiana* na mniejszą skalę. Obecnie metoda ta nie jest tak szeroko stosowana ze względu na wysokie koszty i trudności w wymianie butelek.

C) **Produkcja w workach foliowych**

Jest to obecnie najbardziej rozpowszechniony środek produkcji *M. anisopliae*. Jest on również wykorzystywany do produkcji *B. bassiana,* w obu przypadkach ryż jest wykorzystywany jako podłoże.

D) **Produkcja w tacach (metoda Biomax)**

Metoda ta nie jest już stosowana ze względu na poważny problem z koncentracją. Na Kubie podobny system jest stosowany do produkcji *B.*

bassiana na podłożu jęczmiennym.

I. **Kontrola jakości**

Masowa produkcja patogenu wymaga rygorystycznej kontroli jakości. Przy wyborze szczepu do produkcji należy wziąć pod uwagę następujące czynniki: patogeniczność (LD50), produkcję konidiów, odporność na promieniowanie ultrafioletowe, żywotność konidiów. Podczas produkcji przeprowadza się następujące testy kontroli jakości:

E) **Stężenie kondensacyjne (Conidial Concentration)**

Zważyć 0,1 lub Igm produktu końcowego; przygotować zawiesinę wodną zawierającą dyspergator. Liczba stożkowa / ml jest określana za pomocą komory Neubauera. Liczba stożkowatych ml pomnożona przez objętość rozcieńczenia daje liczbę stożkowatych/g.

4.2- Odpowiedzialność obiektywna

Agar z dekstrozy ziemniaczanej (PDA) Potrawy Petriego plus antybiotyk są przygotowywane. Dodaje się zawiesinę konidialną i inkubuje płytki na 18-20 h, w dwóch naczyniach sprawdza się 500 zarodników. Test ten przeprowadza się 0, 30, 45, 60, 75 i 90 dni po wytworzeniu grzyba. Wynik jest podawany jako procent kiełkowania.

(4) **Czystość**

Dziesięć mikrolitrów zawiesiny konidialnej w znanym rozcieńczeniu 500-1000 konidiów w 10 ml pipetuje się na pięć naczyń PDA z antybiotykiem i pięć bez. Po czterech do pięciu dniach inkubacji w temperaturze 27-28°C liczone są kolonie *M. anisopliae oraz* kolonie bakterii zanieczyszczających. Wynik podawany jest jako procent czystości.

(5) **Wirulencja (reakcja na dawkę względną)**

LT50 badanego szczepu i normy jest określany za pomocą próby biologicznej u badanego owada. Reakcja na dawkę względną (RDR) jest określana w następujący sposób:

RDR = L T 50 grzybów standardowych / L T 50 grzybów testowych.

Formulacja grzybów entomopatogenicznych

Wszystkie składniki aktywne grzybów entomopatogenicznych muszą być sformułowane przed dystrybucją i sprzedażą. Receptury są niezbędne w celu przedstawienia produktu w odpowiedniej formie oraz w celu optymalizacji skuteczności, stabilności, bezpieczeństwa i łatwości stosowania produktu. W wielu przypadkach celem będzie również zminimalizowanie ilości potrzebnej wody. Składnik aktywny może być stosowany w stanie suchym w postaci pyłu lub granulatu lub w postaci płynnej lub w obecności cieczy. Może to być proszek zwilżalny, w oleju, w postaci koncentratu wodnego lub koncentratu emulgującego. Koncentraty te są rozcieńczane przez dodanie wody. Biorąc pod uwagę, że grzyb bivcontrol może być produkowany i suszony, może być stosowany jako suchy materiał lub w postaci zwilżalnego proszku. W obu przypadkach jako wypełniacz lub nośnik mogą być użyte glinki takie jak Kaolin, żel krzemionkowy lub ziemie okrzemkowe.

Pyły są przygotowywane w taki sposób, że ich średnica wynosi od 3 do 50 f.lm, jednak są one wrażliwe na wiatr. Receptury granulatów są mniej liczne, w większości mieszczą się w zakresie od 0,3 do 1,0 mm średnicy. Granulaty zostały użyte do aplikacji mykoherbicydów przez Walker i Connick (1983).

Zwilżalne proszki mogą zawierać środki dyspergujące lub zawieszające, jak również obojętne wypełniacze i środki zwilżające. Na przykład, alginian sodu przy 0,2 - 0,5% objętości końcowej pomoże utrzymać w zawiesinie niektóre zarodniki/glinki w proszku. Najczęściej stosowanym preparatem mikrobiologicznym są proszki zwilżalne. Mają one zalety związane z każdym składowaniem i transportem, a także minimalną interakcję pomiędzy zarodnikami i innymi komponentami.

Dostępność handlowa

Metarhizium anisopliae jest zarejestrowany w Stanach Zjednoczonych do kontroli karaluchów domowych. *Beauveria bassiana* Strain GHA (nazwy handlowe Mycotrol GH-OF i Mycotrol GH-ES) jest zarejestrowany do kontroli koników polnych, szarańczy i mormonów świerszczy na rangelandii, ulepszonych pastwisk, lucerny, bawełnianych ziemniaków kukurydzianych, rzepaku, krokosza barwierskiego, upraw małych ziaren, soi, buraków cukrowych i słoneczników. *Paecilomyces fumosoroseus* Apopka Strain 97 został zatwierdzony do stosowania na roślinach ozdobnych, nieżywnościowych w szklarniach oraz w pomieszczeniach do hodowli mszyc, mszyc, wciornastków i pająków i jest sprzedawany przez Thermo Trilogy Corp. Ponadto istnieją antagoniści grzybów, którzy mogą walczyć z różnymi szkodnikami grzybowymi.

Niektóre pospolite grzyby patogenne owadów

Entomophthora muscae infekuje muchy. Do wrażliwych gatunków szkodników zalicza się dorosłe osobniki cebuli, kapusty i kukurydzy siewnej. Grzyb namnaża się w organizmie dorosłej muchy, która powiększa się; żółtawe pasy zarodników grzybów rozciągają się na brzuchu.

Do gatunków pokrewnych należy *Pandora neoaphidis*, pospolity, naturalnie występujący patogen mszyc, który może być szczególnie skuteczny w okresach wilgotnych. *Zoophthora radicans* jest kolejnym pospolitym grzybem, o szerokim zakresie gospodarza. Szczepy zostały wyizolowane z kilku gąsienic, w tym ćmy diamentowej, koników liściowych, mszyc i niektórych wołów. Inne pokrewne gatunki zarażają wciornastki.

Beauveria bassiana jest owado-patogenicznym grzybem występującym naturalnie na niektórych roślinach i w glebie. Epizootii sprzyja ciepła, wilgotna pogoda. Jest on znany jako biały grzyb muskardynowy, ponieważ zainfekowane larwy owadów w końcu stają się białe lub szare. W niektórych krajach *Beauveria* jest stosowana jako środek owadobójczy dla grzybów. Posiada obszerną listę żywicieli, która obejmuje takie ważne szkodniki jak mączliki, mszyce, koniki polne, termity, chrząszcze ziemniaczane, chrząszcze meksykańskie, chrząszcze japońskie, chrząszcze ślimakowe, chrząszcze zbożowe, chrząszcze korne, pluskwy ligusowe, robaki szyszki, mrówki ogniste, nudziarz europejski, ćma dorszowa i daglezja jodłowa. Stwierdzono nawet zakażenie płuc dzikich gryzoni i dróg oddechowych ludzi. Niestety, naturalni wrogowie, tacy jak pani chrząszcze, też są podatni. Jedną z możliwych metod zastosowania, która może zapobiec przenoszeniu pożytecznych owadów, jest stosowanie przynęt zanieczyszczonych grzybami, które są atrakcyjne tylko dla gatunków szkodników. Istnieje wiele różnych szczepów grzyba, które wykazują znaczne zróżnicowanie w zjadliwości, patogeniczności i zakresie żywiciela. Występuje w glebie w postaci saprofitu.

Metarhizium spp. jest testowany jako naturalny wróg kukurydzianych korzeni, białych karczochów (skarabeuszy) i niektórych wołów korzeniowych. Ma bardzo szeroki zakres gospodarza i jest szeroko stosowany w Brazylii przeciwko pluskwom w trzcinie cukrowej i lucernie.

Inne gatunki grzybów owado-patogenicznych zostały przebadane jako mikrobiologiczne środki owadobójcze do zwalczania szkodników. *Verticillium lecanii* jest stosowane w Europie przeciwko mączlikowi szklarniowemu oraz wciornastkom i mszycom, szczególnie w uprawach szklarniowych. *Neozygity floridana została* pomyślnie przetestowana na roztoczach pajączków, a *Nomuraea rileyi wykazuje* aktywność na zieloną koniczynę, pętlę kapusty, importowaną kapustę, zbrojniki, kukurydzianą grzywacznicę i robaczkę tytoniu. *Hirsutella thompsonii* infekuje roztocza i była wcześniej zarejestrowana do użytku w Stanach Zjednoczonych.

Nicienie Entomopatogenne

Nicienie to proste glisty. Bezbarwne, niesegmentowane i pozbawione przydatki, nicienie mogą być wolno żyjące, zstępne lub pasożytnicze. Jedyne owadopasożytnicze nicienie posiadające optymalną równowagę cech kontroli biologicznej to nicienie entomopatogenne lub owadobójcze z rodzajów *Steinernema* i *Heterorhabditis.* Te wielokomórkowe metazoany zajmują biokontrolę pomiędzy patogenami mikrobiologicznymi a drapieżnikami/pasożytami i są niezmiennie wmieszane w patogeny, prawdopodobnie ze względu na ich symbiotyczny związek z bakteriami.

Entomopatogeniczne nicienie są niezwykle zabójcze dla wielu ważnych owadów glebowych, a jednocześnie bezpieczne dla roślin i zwierząt. Ten wysoki stopień bezpieczeństwa oznacza, że w przeciwieństwie do środków chemicznych, a nawet *Bacillus thuringiensis,* zastosowania nicieni nie wymagają masek lub innego sprzętu bezpieczeństwa; a czas ponownego wprowadzenia, pozostałości, zanieczyszczenie wód gruntowych, wtargnięcie środków chemicznych i zapylaczy nie stanowią problemu. Większość biologów potrzebuje dni lub tygodni, aby zabić, jednak nicienie, pracując z ich symbiotycznymi bakteriami, zabijają owady w ciągu 24-48 godzin. Dziesiątki różnych szkodników owadów są podatne na infekcje, jednak w badaniach terenowych nie wykazano żadnych działań niepożądanych w stosunku do szkodników niebędących przedmiotem zwalczania (Georgis *i in.*, 1991). Produkcja nicieni jest łatwo osiągalna dla niektórych gatunków przy użyciu standardowej fermentacji w zbiornikach do 150 000 litrów. Nicienie nie wymagają specjalistycznego sprzętu aplikacyjnego, ponieważ są kompatybilne ze standardowym sprzętem agrochemicznym, w tym z opryskiwaczami ciśnieniowymi, mgiełkowymi, elektrostatycznymi, wentylatorowymi i powietrznymi. Stosowanie poprzez systemy nawadniania poprawiło akceptację plantatorów. Owadobójcze nicienie są praktycznie bezkonkurencyjne w stosunku do innych czynników biologicznych do zwalczania owadów żyjących w glebie i roślinożernych.

Setki naukowców z ponad czterdziestu krajów pracuje nad rozwojem nicienia jako biologicznego środka owadobójczego. Nicienie są sprzedawane w Stanach Zjednoczonych, Europie, Japonii i Chinach w celu zwalczania szkodników owadzich w ogrodnictwie o wysokiej wartości, rolnictwie, na rynkach niszowych domów i ogrodów.

Uwolnienie komórek bakteryjnych gospodarza umiera

Steinernematydy i heterorhabdytydy mają podobne historie życiowe. Niekarmiący młody osobnik rozwojowy zatrzymany przez infekcję szuka żywicieli owadów i inicjuje infekcje. Po zlokalizowaniu żywiciela, nicienie przenikają do jamy ciała owada, zwykle przez naturalne otwory ciała (usta, odbyt, wieżyczki) lub obszary cienkiej skórki. W jamie ciała z jelita nicieni uwalnia się symbiotyczna bakteria (*Xenorhabdus* dla steinernematydów, *Photorhabdus* dla heterorhabditydów), która rozmnaża się szybko i powoduje szybką śmierć owadów. Nicienie żywią się bakteriami i skraplającymi się żywicielami i dojrzewają do postaci dorosłych. Steinernematydowe młode zakaźne mogą stać się samcami lub samicami, gdzie w miarę jak heterorhabditidy rozwijają się w samozapylające się obupłciowe, chociaż kolejne pokolenia w obrębie żywiciela produkują również samce i samice. Cykl życia kończy się w ciągu kilku dni, a setki tysięcy nowych zaraźliwych młodych ludzi pojawiają się w poszukiwaniu świeżych żywicieli.

Tak więc, entomopatogeniczne nicienie są kompleksem nicieniowo-bakteryjnym. Nicień może wydawać się tylko biologiczną strzykawką dla swojego partnera bakteryjnego, ale związek między tymi organizmami jednego z klasycznych mutualism. Wzrost i rozmnażanie się nicieni zależy od warunków ustalonych przez bakterię w zbiorniku żywiciela. Bakteria przyczynia się również do rozwoju białek antyimmunologicznych, które wspomagają nicień w przezwyciężaniu obronności gospodarza, oraz środków przeciwdrobnoustrojowych, które hamują kolonizację zwłok przez konkurujących ze sobą drugorzędnych najeźdźców. I odwrotnie, bakteria ta nie posiada zdolności inwazyjnych i jest uzależniona od nicieni w celu zlokalizowania i przeniknięcia odpowiednich żywicieli.

Względna skuteczność

Hodowcy nie będą przyjmować środków biologicznych, które nie zapewniają skuteczności porównywalnej ze standardowymi chemicznymi środkami owadobójczymi. Postęp technologiczny w produkcji nicieni, recepturze, kontroli jakości, terminach aplikacji i dostaw, a w szczególności w doborze optymalnych siedlisk docelowych i docelowych szkodników, zmniejszył lukę w skuteczności pomiędzy środkami chemicznymi a środkami owadobójczymi. Nicienie w konsekwencji wykazały skuteczność w wielu segmentach rynku rolniczego i ogrodniczego.

Entomopatogeniczne nicienie są niezwykle wszechstronne w walce z wieloma szkodnikami glebowymi i kryptojańskimi w różnych systemach upraw, a mimo to są wyraźnie niedostatecznie wykorzystywane. Podobnie jak inne biologiczne czynniki zwalczające, nicienie są ograniczane przez bycie żywymi organizmami, które wymagają szczególnych warunków, aby być skuteczne. W ten sposób wysuszanie lub światło ultrafioletowe szybko dezaktywuje nicienie owadobójcze, a chemiczne środki owadobójcze są mniej ograniczone. Podobnie, nicienie są skuteczne w w węższym zakresie temperatur niż chemikalia i są bardziej narażone na wpływ nieoptymalnego typu gleby, głębokości strzechy i częstotliwości nawadniania (Georgis i Gaugler, 1991). Środki owadobójcze na bazie nicieni mogą być dezaktywowane, jeśli są przechowywane w gorących pojazdach, nie mogą być pozostawione w zbiornikach opryskowych na dłuższy czas i są niezgodne z kilkoma chemikaliami rolniczymi. Niektóre gatunki nie mogą być stosowane przy użyciu wysokociśnieniowych urządzeń do aplikacji; nieużywane nicienie nie mogą być stosowane w następnym roku; różne gatunki wymagają różnych rozmiarów ekranów. Substancje chemiczne mają również problemy (np. toksyczność dla ssaków, oporność, zanieczyszczenie wód gruntowych itp.), ale opracowano obszerną bazę wiedzy, która wspiera ich stosowanie. Przyspieszone wdrożenie nicieni do systemów IPM będzie wymagało od użytkowników większej wiedzy na temat ich efektywnego wykorzystania.

Pojawienie się. Nicienie są formułowane i stosowane jako zakaźne młode osobniki, jedyne stadia rozwojowe, a więc tolerancyjne dla środowiska. Młode osobniki zakaźne mają długość od 0,4 do 1,1 mm i mogą być obserwowane za pomocą soczewki ręcznej lub mikroskopu po oddzieleniu od materiałów recepturowych. Zaniepokojone nicienie poruszają się aktywnie, jednak siedzące gatunki zasadzkowe (np. *Steinernema carpocapscie, S. scapterisci)* w wodzie szybko wracają do charakterystycznej pozycji spoczynkowej w kształcie litery "J". Niska temperatura lub poziom tlenu będzie hamować ruch nawet aktywnych gatunków krążowników (np. *S. glaseri, Heterorhabditis bacteriophora).* Krótko mówiąc, brak ruchu nie zawsze jest oznaką śmiertelności; nicienie mogą być stymulowane (np. sondy, kwas octowy, delikatne ciepło), aby mogły się poruszać przed oceną żywotności. Dobrej jakości nicienie mają tendencję do posiadania wysokiego poziomu lipidów, które zapewniają gęsty wygląd, podczas gdy prawie przezroczyste nicienie są często aktywne, ale mają niską moc zakażenia.

Owady zabite przez większość steinernematydów stają się brązowożółte, podczas gdy owady zabite przez heterorhabditydy stają się czerwone, a tkanka nabiera konsystencji gumowej. Dim luminescencja wydzielana przez owady świeżo zabite przez heterorhabditydy jest niezawodną diagnostyką dla tego rodzaju (symbiotyczne bakterie zapewniają luminescencję). Czarne trupy z towarzyszącym im gniciem wskazują, że żywiciel nie został zabity przez gatunki entomopatogeniczne. Nicienie znajdujące się w takich trupach są zazwyczaj wolnonośnymi saprofagami glebowymi.

Charakterystyka kluczowych gatunków

Steinernema carpocapsae: Najbardziej zbadany, dostępny i wszechstronny spośród wszystkich entomopatogenicznych nicienie. Ważnymi atrybutami są łatwość masowej produkcji i możliwość formułowania w stanie częściowo wysuszonym, co zapewnia kilkumiesięczny okres trwałości w temperaturze pokojowej. Szczególnie skuteczny przeciwko larwom trądożernych, w tym różnych tasiemców, tnących, zbrojników, dziewcząt i drzewożerców. Ten gatunek jest klasycznym sit-and-wait lub "zasadzka" forager, stojąc na ogonie w pozycji pionowej w pobliżu powierzchni gleby i dołączając do przechodzących żywicieli. W związku z tym, *S. carpocapsae ma* tendencję do bycia najbardziej skutecznym w walce z wysoce ruchomymi owadami przystosowanymi do powierzchni. Wysoce wrażliwe na dwutlenek węgla po skontaktowaniu się z gospodarzem, spiracze są kluczowym portalem wejścia gospodarza. Jest najbardziej efektywny w temperaturach od 22 do 28°C.

Steinernema feltiae: Atakuje przede wszystkim niedojrzałe owady bezwodne, w tym muchy grzybowe, gnaty grzybowe i tipulidy. Ten nicień jest wyjątkowy w utrzymaniu infekcyjności w temperaturze gleby poniżej 10°C. *S. feltiae* oferuje niższą stabilność niż inne sterynematyki.

Steinernema glaseri: Największy entomopatogeniczny nicień o dwukrotnie większej długości, ale ośmiokrotnie większej objętości niż *S. carpocapsae* zakaźnych osobników młodych. Atakuje larwy śliniące się, zwłaszcza skarabeusze. Ten gatunek jest bardzo mobilny i wrażliwy na wolatywy żywicieli długodystansowych, których produkcja jest znacznie droższa niż w przypadku innych gatunków. Tendencja do okazjonalnej "utraty" swojego bakteryjnego symbionta jest uciążliwa. Co więcej, wysoce aktywne i odporne młode osobniki zakaźne są trudne do opanowania w preparatach, które opierają się na częściowym odwodnieniu nicieni. Krótko mówiąc, zanim ten nicień będzie miał szansę na znaczące wykorzystanie, potrzebny jest dodatkowy postęp technologiczny.

Steinernema kushidai: Odizolowane tylko tak daleko od Japonii i znane tylko z pasożytowania larw skarabeuszy. Mimo, że od momentu powstania niniejszego opracowania, wczesne próby terenowe przeciwko larwom skarabeuszy w Japonii i Stanach Zjednoczonych są bardzo obiecujące. Wykazano dobrą stabilność laboratoryjną i wytrwałość w terenie. Ten mały nicień prawdopodobnie szybko się wdroży, jeśli uda się rozwiązać dziwaczne problemy napotykane w hodowli masowej.

Steinernema riobravis: Ten nowatorski i wysoce patogeniczny gatunek, wyizolowany do tej pory jedynie z doliny Rio Grande w Teksasie, posiada kilka nowych cech. Jego efektywny zasięg działania opiera się na wielu zleceniach owadów. Wszechstronność ta wynika po części z możliwości wykorzystania zarówno zasadzki, jak i środka lokomocji krążownika. Próby wykazały jego skuteczność w zwalczaniu kukurydzianej grzybicy usznej i świerszczy kretów. Jest to nicień wysokotemperaturowy, skuteczny w zabijaniu owadów przy temperaturze gleby powyżej 35°C. Trwałość jest doskonała nawet w warunkach półsuchych, co bez wątpienia jest wzmocnione przez wyjątkowo wysoki poziom lipidów występujących u zakaźnych młodych osobników. Niewielki rozmiar zapewnia wysoką wydajność zarówno przy użyciu metod *in vivo* (do 375.000 zakaźnych młodych osobników na woskową larwę ćmy), jak i metod *in vitro.* Aby pasożyt ten osiągnął swój pełny potencjał, potrzebne są jedynie udoskonalenia formuły, które nadadzą mu większą stabilność.

Należy również zauważyć, że *S. riobravis* jest obecnie wprowadzany do obrotu w celu zwalczania pasożytniczych nicienia roślinnego atakującego trawę trawiastą. Istnieją istotne dane korelacyjne sugerujące, że niektóre entomopatogeniczne nicienie mogą wypierać gatunki roślin. Pewien sceptycyzm może być zdrowy, dopóki to zastanawiające twierdzenie nie zostanie w pełni potwierdzone przez rygorystycznie zaprojektowane, wielokrotne eksperymenty w terenie.

Steinernema scapterisci: Jedyny entomopatogeniczny nicień wykorzystywany w klasycznym programie kontroli biologicznej, *S. scapterisci,* został wyizolowany z Urugwaju i po raz pierwszy wypuszczony na Florydę w 1985 r. w celu stłumienia wprowadzonego szkodnika, kretowego świerszcza. Węzeł tworzy się i obecnie przyczynia się do kontroli. *Steinernema scapterisci* jest bardzo specyficzna dla dorosłych kretów świerszczy.

Jego zasadzkowe podejście do poszukiwania owadów jest idealnie dostosowane do nawyków żywiciela trawy tunelu. Dostępny na rynku od 1993 r., nicień ten jest również sprzedawany jako biologiczny środek owadobójczy, gdzie jego doskonała zdolność do utrzymywania się i zapewnienia długotrwałej kontroli przyczynia się do ogólnej skuteczności. Dostępność jest poważnie ograniczona ze względu na małą niszę rynkową, jaką zajmuje ten nicień. Sytuację pogarsza dodatkowo specyfika tego nicienia dla żywiciela, który jest bardzo trudny do wychowania, co wyklucza produkcję *in vivo.*

Heterorhcibditis bacteriophora: Wśród najważniejszych

entomopatogeniczne nicienie, *H. bacteriophora* posiada dużą wszechstronność, atakując między innymi larwy owadów trądożernych i koleopterodnych. Ten gatunek krążownika wydaje się być najbardziej przydatny w walce z wołkami korzeniowymi, zwłaszcza czarnym wołkiem pnącza, gdzie zapewnia niezmiennie doskonałe wyniki w glebie kontenerowej. Ciepły nicień wysokotemperaturowy, *H. bacteriophora,* wykazuje zmniejszoną skuteczność, gdy gleba spada poniżej 20°C. Charakterystyczna słaba stabilność ograniczyła przydatność tego interesującego nicieńca: okres trwałości jest problematyczny, a większość zakaźnych młodych osobników utrzymuje się tylko kilka dni po wypuszczeniu na pole.

Heterorhcibditis megidis: Po raz pierwszy wyizolowany w Ohio, ten nicień jest sprzedawany w Europie Zachodniej w celu zwalczania czarnego chrząszcza winorośli i różnych innych owadów glebowych. Jego duże rozmiary, charakterystyczna heterorhabdyczna niestabilność i brak danych o skuteczności pola ograniczają jego użyteczność w chwili obecnej.

Produkcja i formulacja

A) Rozwój szczepu produkcyjnego

Dwie cechy są bardzo poszukiwane u entomopatogenicznych szczepów nicieni:- a)- wysoka zjadliwość na owady docelowe. b)- łatwość hodowli.

Rozwój szczepów polega na izolacji i poprawie. Istnieją dwa podejścia do izolacji szczepów: pobieranie próbek na dużą skalę i lokalizacja odpowiedniego środowiska (Bains, 1993). Pobieranie próbek na dużą skalę jest zasadniczo procesem losowym, powszechnie praktykowanym wśród nematologów entomopatogenicznych, wykorzystującym prostą metodę wabienia owadów (Bedding i Akhurst, 1975), a następnie przesiewania izolatów. To podejście "karabinowe" spowodowało powstanie tysięcy izolatów z dziesiątków krajów i każdego zamieszkałego kontynentu. Ponieważ entomopatogeniczne nicienie są50, nawet zwykłe poszukiwania dają ciekawe nowe szczepy. Niestety, nie ma dowodów na to, że nowe szczepy mają pożądane cechy bez żmudnych i żmudnych badań w laboratorium. Naukowcy akademiccy i rządowi zazwyczaj przeprowadzają izolacje, więc te badania koncentrują się na kwestiach zjadliwości i wszechstronności. Obiecujące szczepy są następnie dalej testowane w próbach terenowych. Zazwyczaj tylko gatunki i szczepy, które przechodzą przez te przeszkody, zwracają uwagę przemysłu, który ocenia przydatność do masowej produkcji i magazynowania. Pomimo swojej niesystematycznej natury i tendencji do selekcji na nicienie trądożerne aktywne, larwy *Galleria* są najczęściej wykorzystywane jako przynęta dla owadów - podejście to zaowocowało powstaniem szczepów komercyjnych, w tym *Steinernema riobrave* (Cabanillas *i in.*, 1994) i *Heterorhabditis marelatus* (Liu i Berry, 1996).

Drugim składnikiem rozwoju szczepu jest doskonalenie szczepu, czyli modyfikacja genetyki organizmu tak, aby efektywniej przeprowadzał on dany proces (Bains, 1993). Podejście to jest mocno akcentowane w przypadku mikrobów stosowanych w przemyśle, w tym pestycydów biologicznych, takich jak *Bacillus thuringiensis,* ale otrzymało zaskakująco mało uwagi w branży entomopatogenicznych nicieni.

Naprężenie wpływa na końcowy wynik bardziej niż jakakolwiek inna cecha produkcji.

W związku z tym niepokojące jest, że inne biologiczne gałęzie przemysłu wkładają wiele wysiłku w rozwój, podczas gdy firmy nicieni ignorowały tę działalność. Friedman's (1990) inaczej doskonały traktat o technologii produkcji, napisany z perspektywy dominującej wówczas firmy produkującej nicieni, Biosys, nie zajmuje się nawet rozwojem szczepu. Szczególnie niepokojące jest to, że szczepy wyizolowane dziesięć lub więcej lat temu i wielokrotnie subkultywowane są na rynku pomimo wątpliwej zjadliwości (np. HP88 szczep *H. bacteriophora;* Gaugler *i in.*, 2000).

Pobieranie próbek gleby na dużą skalę nadal będzie w największym stopniu przyczyniać się do różnorodności genetycznej w celach komercyjnych.

Chociaż nowe szczepy, które są stale izolowane, oferują obietnicę lepszych cech, to jednak w przypadku szczepów dzikich prawdopodobnie nastąpi stopniowa poprawa.

Wykładnicza poprawa, zdolna do wstrząsania entomopatogenicznymi nicieniami z ciekawości do legalnego narzędzia zwalczania szkodników, będzie wymagała poprawy genetycznej.

Inokulum. Rozwiązywanie problemów z produkcją zaczyna się od inokulum. Inokulum monoksenowe nie jest ani konieczne, ani praktyczne do produkcji *in vivo*, co stanowi ostry kontrast w stosunku do wymagań dotyczących hodowli w sztucznych podłożach. Niemniej jednak, umiarkowane zanieczyszczenie jest częstą przyczyną nieudanych hodowli *in vivo*. Płukanie podchlorynem sodu może zmniejszyć poziom niepożądanych mikroorganizmów uwięzionych pod zakaźną powłoką młodocianych. Uporczywe problemy z zanieczyszczeniem można przezwyciężyć, oczyszczając bakterie *in vitro* i ponownie wprowadzając je do nicieni. Wzrost i rozwój nicieni w hodowlach *in vivo* zależy od obecności symbiotycznych bakterii w zakaźnych jelitach młodocianych; jednak niektóre nicienie, zwłaszcza *S. glaseri* (Akhurst, 1993), mogą mieć niską retencję bakterii, co prowadzi do niezadowalającej wydajności.

Producenci dużych ilości sztucznych mediów nie są odporni na problemy z inokulum. Bakterie symbiotyczne wykazują polimorfizm kolonialny, komórkowy i funkcjonalny. Kontrola zmienności faz jest obowiązkowa, ponieważ tylko wariant I fazy produkuje krystaliczne białka inkluzyjne, które wspierają rozmnażanie nicieni (Bin trim i Ensign, 1998), podczas gdy faza II nie wykazuje aktywności antybiotykowej i może hamować wzrost nicieni. Przechowywanie bakterii czystej fazy I w ultra niskiej temperaturze (-80°C) utrzymuje integralność fazy bakteryjnej. Istnienie fagów lizogenicznych w *Xenorhabdus* i *Photorhabdus* (Boemare i in., 1992, 1993 i Georgis i in., 2006) wskazuje, że należy starać się ich unikać w hodowlach inwentarskich.

Kultura In Vivo

Produkcja nicieni *in vivo* jest przemysłem chałupniczym producentów niskonakładowych. Przy ograniczonym kapitale lub wiedzy specjalistycznej w zakresie kultury *in vitro* domyślną strategią jest hodowla nicienia u żywicieli owadów. Masowa produkcja *in vivo* zależy od dostępności wysoce niezawodnych, wyjątkowo wrażliwych i stosunkowo niedrogich dostaw żywicieli. Chociaż *Tenebrio* są znacznie tańsze (Blinova i Ivanova, 1987; Milstead i Poinar 1978), z rzadkimi wyjątkami (np. *świerszcze* firmy B&R Supply w połowie lat 80-tych), żywicielem z wyboru są *larwy galaretki. Galerie* są hodowane przez więcej firm niż jakikolwiek inny owad. Nie stwierdzono, aby jakikolwiek owad był bardziej podatny na szerszą gamę gatunków nicieni. Przy zakupie hurtowym (> 1 x 1 0 ' larw) mogą one kosztować zaledwie 0,01 USD za larwę plus wysyłkę. Plony przypadające na jedną larwę wahają się od 1 do 3,5 x 10" młodych osobników zakaźnych (Dutky *i in.*, 1964), tak więc nawet 25.000 *galaretek jest* potrzebnych do wszędobylskich, nawet przypadkowe poszukiwania dają ciekawe nowe szczepy. Niestety, nie ma dowodów na to, że nowe szczepy mają pożądane cechy bez żmudnych i żmudnych badań w laboratorium. Naukowcy akademiccy i rządowi zazwyczaj przeprowadzają izolacje, więc te badania koncentrują się na kwestiach zjadliwości i wszechstronności. Obiecujące szczepy są następnie dalej testowane w próbach terenowych. Zazwyczaj tylko gatunki i szczepy, które przechodzą przez te przeszkody, zwracają uwagę przemysłu, który ocenia przydatność do masowej produkcji i magazynowania. Pomimo swojej niesystematycznej natury i tendencji do selekcji na nicienie trądożerne aktywne *Galleria* larwy są najczęściej wykorzystywane jako przynęta dla owadów - podejście to zaowocowało powstaniem szczepów komercyjnych, w tym *Steinernema riobrave* (Cabanillas *i in.*, 1994) i *Heterorhabditis marelatus* (Liu i Berry, 1996).

Drugim składnikiem rozwoju szczepu jest doskonalenie szczepu, czyli modyfikacja genetyki organizmu tak, aby efektywniej przeprowadzał on dany proces (Bains, 1993). Podejście to jest mocno akcentowane w przypadku mikrobów stosowanych w przemyśle, w tym pestycydów biologicznych, takich jak *Bacillus thuringiensis,* ale otrzymało zaskakująco mało uwagi w branży entomopatogenicznych nicieni.

Naprężenie wpływa na końcowy wynik bardziej niż jakakolwiek inna cecha produkcji.

W związku z tym niepokojące jest, że inne biologiczne gałęzie przemysłu wkładają wiele wysiłku w rozwój, podczas gdy firmy nicieni ignorowały tę działalność. Friedman's (1990) inaczej doskonały traktat o technologii produkcji, napisany z perspektywy dominującej wówczas firmy produkującej nicieni, Biosys, nie zajmuje się nawet rozwojem szczepu. Szczególnie niepokojące jest to, że szczepy wyizolowane dziesięć lub więcej lat temu i wielokrotnie subkultywowane są na rynku pomimo wątpliwej zjadliwości (np. HP88 szczep *H. bacteriophora;* Gaugler *i in.*, 2000).

Pobieranie próbek gleby na dużą skalę nadal będzie w największym stopniu przyczyniać się do różnorodności genetycznej w celach komercyjnych.

Chociaż nowe szczepy, które są stale izolowane, oferują obietnicę lepszych cech, to jednak w przypadku szczepów dzikich prawdopodobnie nastąpi stopniowa poprawa. Wykładnicza poprawa, zdolna do wstrząsania entomopatogenicznymi nicieniami z ciekawości do legalnego narzędzia zwalczania szkodników, będzie wymagała poprawy genetycznej. Obrobić jeden hektar przy standardowej dawce 2,5 x ^{109} nicieni ha-1. Producenci nicieni okazywali się czasami podatni na nieoczekiwane zmiany w żywieniu, spowodowane zakażeniem wirusem, stosowaniem antybiotyków lub niekorzystnymi warunkami wysyłki (np. ekstremalnymi temperaturami).

W Vitro Solid Culture

Masowa produkcja na sztucznych nośnikach była realizowana 30 lat przed wprowadzeniem przez Dutky'ego *i in.* (1964) skutecznych metod *in vivo*. Pionierem kultury stałej był Rudolf Glaser, który jako pierwszy sztucznie wyhodował pasożytniczego nicienia. Glaser i jego współpracownicy, w jednym z najbardziej ambitnych i najmniej znanych eksperymentów z zakresu kontroli biologicznej, wyprodukowali i wypuścili miliardy *S. glaseri* w całym New Jersey przeciwko japońskim chrząszczom w latach 1939-1942 (Fleming, 1968). Niestety, wczesni pracownicy nie wiedzieli o partnerze bakteryjnym nicieni. Masowa produkcja nicieni była prowadzona w płytkich tacach pożywki cielęcej z kwasem salicylowym i formaldehydem w celu wyparcia zanieczyszczających mikroorganizmów (McCoy i Girth, 1938), w tym najwyraźniej naturalnego symbionta, *Xenorhabdus poinarii* (Gaugler *i in.*, 1992). Dziś potrzeba monoksylności jest powszechnie uznawana za jeden z fundamentów kultury *in vitro* nicieni (Poinar i Thomas, 1966).

W Vitro Liquid Culture

Hodowla cieczy i podejście Ecogen-Sylvan do hodowli w stanie stałym mają te same wysokie potrzeby kapitałowe i eksperckie, ale dostępność niewykorzystanych mocy produkcyjnych fermentatorów i opłat lub producentów kontraktowych nadaje hodowli cieczy zdecydowaną przewagę. Dalsze zalety to mniejsze zapotrzebowanie na miejsce, prostsze zbiory, mniej odpadów jednorazowego użytku oraz kompatybilność z produkcją innych biopestycydów (np. *B. thuringiensis)* przy użyciu tego samego sprzętu. Ponad 95% wszystkich nicieni jest produkowanych w systemach hodowli płynnej w firmach, do których należą Certis USA (dawniej Thermo Trilogy, dawniej Biosys), MicroBio, E-Nema i SDS Biotech. Glaser (1940) opracował pierwszą płynną pożywkę, opartą na wyciągu z nerek, dla hodowli aksenowej *S. glaseri.* stwierdził, że źródła lipidowe z dużymi proporcjami nasyconych kwasów tłuszczowych dają w rezultacie nieoptymalne, Hatab i Gaugler (2001). Koszty, dostępność i łatwość oddzielania są również brane pod uwagę przy wyborze składników mediów płynnych, Hatab i Gaugler, (1997, 1999).

Dodatkowe parametry procesu

Poniżej podsumowano ważne parametry, które oprócz siły ścinającej i tlenu należy uwzględnić przy opracowywaniu procesów fermentacji ciekłej dla nicienia entomopatogennego.

Piana - Kolejną negatywną konsekwencją intensywnego mieszania się w celu poprawy przepływu tlenu jest powstawanie piany, która może prowadzić do zablokowania fdterów wylotowych powietrza i wzrostu ciśnienia. Kontrola piany jest niezbędnym elementem działania bioreaktora o zwiększonej aktywności. Odtłuszczacz Dcon został dodany w ilości 1 ml na litr, gdy *Caenorhabditis elegans* został wyprodukowany w 150-litrowym zbiorniku z bioreaktorem mieszanym (Gbewonyo *i in.*, 1994). Przy wyborze środków przeciwpieniących należy uwzględnić potencjalną toksyczność dla bakterii lub nicieni oraz zakłócenie przepływu tlenu. Na przykład, środki silikonowe są szeroko stosowane w przemyśle do kontroli piany, ale mogą zmniejszyć wydajność heterorhabditydów. Nowsze, oparte na składnikach odżywczych środki zapewniają nietoksyczną kontrolę piany i mogą pozytywnie wpływać na wzrost.

Dwutlenek węgla - Jeśli tempo napowietrzania jest niskie, aby zmniejszyć powstawanie piany, dwutlenek węgla może się gromadzić i stać się szkodliwy dla kultur nicieni. Efekty są jednak zmienne, ponieważ wysoka koncentracja może również stymulować regenerację. Określenie optymalnego stężenia dwutlenku węgla w czasie hodowli pozostaje niezdefiniowane, ale godne zbadania, (Strauch i Ehlers, 2000).

Temperatura - Organizmy metabolizujące w fermentacjach o dużej objętości wytwarzają znaczne ilości ciepła, które musi być kontrolowane. Ponadto, temperatura musi być precyzyjnie dostosowana zarówno dla bakterii jak i nicienia. Ponieważ optymalne temperatury wzrostu symbionta i jego żywiciela nicieni nie pokrywają się, wskazane jest skoordynowanie temperatury bioreaktora z wykładniczą fazą wzrostu danego partnera. Dwufazowa regulacja temperatury może również poprawić synchronizację kultury. Może to być związane z regeneracją, ponieważ Ehlers *i wsp.* (2000) zauważyli, że na wyjście z etapu zakażenia ma wpływ temperatura hodowli.

Osmolarność - niska osmolarność może indukować zmienność fazową bakterii symbiotycznych (Krasomil-Osterfeld, 1995). Sugeruje to możliwość przesunięcia fazowego z odpowiednim niekorzystnym wpływem na wydajność nicieni, gdy osmolarność hodowli nie jest dobrze regulowana. Ten parametr jest zazwyczaj słabo monitorowany.

Lepkość - Produkcja heteroterabditydów, nawet metodami *in vivo*, powoduje wzrost średniej lepkości. Przypisuje się to "kapsułce polisacharydowej" syntetyzowanej przez bakterię symbiotyczną (Young *i in.*, 1998). W kulturach płynnych, wysoka lepkość ogranicza przenoszenie tlenu. Jest to jedno z kilku w dużej mierze niezbadanych wyzwań, które przyczyniły się do tego, że heterorhabdytydy są na ogół trudniejsze do niezawodnej produkcji niż większość steinernematydów.

Czas kultury

Czas kultury fermentacyjnej jest jednym z najważniejszych czynników kosztowych w systemach produkcji zbiorników mieszanych. W przeciwieństwie do mikrobiologicznych środków owadobójczych, takich jak *B. thuringiensis,* które mogą być hodowane w ciągu 24 godzin, produkcja nicieni może wiązać drogie bioreaktory do 17 dni dla *H. indica* (Ehlers i in., 2000), 16 dni dla *H. megidis* (Strauch i Ehlers, 2000) i 8 dni dla *H. bacteriophora* (Yoo *i in.*, 2000).

Gęstość inokulum wpływa na końcowy plon, czas hodowli i koszty produkcji. Pracując w środowisku płynnym, Han (1996) stwierdził, że optymalna produkcja *H. bacteriophora* wymaga większej gęstości inokulum niż *S. carpocapsae.*

Analiza i perspektywy na przyszłość

Szeroko rozpowszechnione są ograniczenia lub całkowite zakazy stosowania wielu środków owadobójczych na bazie fosforanów organicznych i karbaminianów. Jako kwintesencja bioinsektycydu dla owadów glebowych, należy wykorzystać entomopatogeniczne nicienie, aby wypełnić luki w taktyce gospodarowania w przypadku upraw małoobszarowych, w których nowe "łagodniejsze" chemikalia są mniej dominujące. Kluczem będą dalsze innowacje w technologii produkcji, które poprawią koszty i dostępność.

Przemysł nicieni *in vivo nie jest w* stanie w znaczący sposób przyczynić się do tego potencjalnego wzrostu, ponieważ technologia ta jest zakorzeniona w metodzie opracowanej prawie 80 lat temu. Kultura *in vivo* nie była nawet brana pod uwagę przez Friedmana (1990), ponieważ dominująca konwencjonalna mądrość polegała na tym, że technologia ta miała wygasnąć w momencie pojawienia się technologii *in vitro w* sieci. Jest jednak więcej producentów chałupniczych niż kiedykolwiek wcześniej, z których niewielu posiada zasoby lub wiedzę specjalistyczną w zakresie badań i rozwoju. Nie pojawił się jeszcze żaden laser ani pościel, a wynikający z tego brak innowacji spowodował, że wysokie koszty i ograniczone zdolności produkcyjne stały się cechami charakterystycznymi produkcji *in vivo.* Pomimo niechęci zarówno przemysłu, jak i środowiska akademickiego do inwestowania w metodologię *in vivo*, podejście to wydaje się mało prawdopodobne do zaniknięcia, a co więcej, z pomocą mogłoby rozwinąć znaczącą rolę lokalnych szczepów na lokalnych rynkach, w spółdzielniach producenckich lub w regionach rozwijających się.

Każdy aspekt technologii *in vivo* wymaga aktualizacji, aby hodowla nicieni była bardziej opłacalna. Priorytetowe potrzeby obejmują wykazanie skalowalnych metod oszczędzania pracy, alternatywy dla osiadania grawitacyjnego w celu koncentracji i separacji oraz rozszerzoną listę niedrogich żywicieli. Ponadto należy określić mechanizmy udziału producentów wytwarzających niewielkie ilości w finansowanych ze środków publicznych zaliczkach na rozwój szczepów.

Ecogen-Sylvan reprezentuje zenit innowacji kultury stałej nicieni, oferując ekonomię skali zbliżoną do kultury płynnej. Trudno wyobrazić sobie kolejną fazę stałego skalowania, ale rzadki i kosztowny sprzęt wymagany na zamówienie sugeruje, że stała kultura może wrócić do swoich korzeni jako kapitał i ekspertyza pośredniego gruntu pomiędzy kulturami *in vivo* i płynnymi. Ta trzecia faza innowacji musi zachować pasywnie napowietrzane worki, jednoetapową inokulację i nowe, wcześniej opracowane metody zbioru, przy jednoczesnym znalezieniu mniej kapitałochłonnych środków sterylizacji, inokulacji i napełniania worków. Wreszcie, parametry fermentacji, ponieważ odnoszą się one w szczególności do kultury stałej, wymagają wyjaśnienia, aby ta technologia produkcji była oparta na tych samych podstawach naukowych co kultura płynna.

Rezultatem nieoptymalnego transferu tlenu, siły ścinającej, osmolarności, inokulum, antypiany i innych parametrów procesu jest nieoptymalna jakość nicieni, ale jakość pozostaje pojęciem nieuchwytnym i źle zdefiniowanym w produkcji nicieni. Chociaż kontrolę jakości zwykle postrzega się jako kwestię produktu końcowego, należy ustanowić i opublikować procedury kontroli procesu w celu sprawdzenia tożsamości nicieni, jakości składników pożywki, fazy i ilości symbiontów bakteryjnych oraz zanieczyszczenia, dążąc do opracowania branżowych standardów jakości.

Mimo że w wyniku niedostatecznej ilości podstawowego dochodzenia i jego z natury rzeczy zastrzeżonego charakteru, od czasu publikacji benchmarku przez Friedmana w 1990 r. poczyniono ogromne postępy w zakresie technologii masowej produkcji nicieni. Wyzwaniem będzie teraz utrzymanie tempa imiovacji w okresie stagnacji finansowania publicznego i prywatnego. Klucze będą:

J. zwiększone partnerstwo akademicko-przemysłowe (np. BioLogic i Penn State University), oraz

K. odejście od rozwoju technologii wykorzystujących konwencjonalny model pestycydów chemicznych.

L. **B) Sformułowanie**

M. Słabe przechowywanie i przeżywalność po zastosowaniu są głównymi przeszkodami w szerszym stosowaniu entomopatogenicznych nicienie jako bioinsektycydów. Żaden preparat nicieni nie spełnia wymogu 2-letniego okresu przechowywania standardowych pestycydów chemicznych. Skład odnosi się do przygotowania produktu ze składnika aktywnego poprzez dodanie niektórych substancji aktywnych (funkcjonalnych) i nieaktywnych (obojętnych). Preparat przeznaczony jest do poprawy aktywności, wchłaniania, dostarczania, łatwości użycia lub stabilności przechowywania składnika aktywnego. Typowe przykłady składników preparatów pestycydowych (dodatków) obejmują absorbenty, adsorbenty, środki przeciwzbrylające, środki przeciwdrobnoustrojowe, przeciwutleniacze, spoiwa, nośniki, dyspergatory, środki utrzymujące wilgotność, konserwanty, rozpuszczalniki, środki powierzchniowo czynne, zagęszczacze i absorbery UV. Chociaż ogólna koncepcja form użytkowych nicieni jest podobna do tradycyjnych form użytkowych pestycydów, nicienie stanowią wyjątkowe wyzwanie. Wysokie wymagania dotyczące tlenu i wilgotności, wrażliwość na ekstremalne temperatury oraz zachowanie się młodych osobników zakaźnych ograniczają wybór metody receptury i składników. Główne cele rozwoju receptur nicieni obejmują utrzymanie jakości, zwiększenie stabilności składowania, poprawę łatwości transportu i użytkowania, zmniejszenie kosztów transportu oraz poprawę przetrwania nicieni w trakcie i po aplikacji.

N. **Preparaty do magazynowania i transportu**

O. Chociaż młodociane osobniki zakaźne mogą być przechowywane do kilku miesięcy w wodzie w chłodzonych zbiornikach z pęcherzykami powietrza, wysokie koszty i trudności z utrzymaniem jakości uniemożliwiają stosowanie tej metody. Wysokie zapotrzebowanie na tlen, wrażliwość niektórych gatunków nicieni na niską temperaturę, podatność na skażenie mikrobiologiczne oraz toksyczność środków przeciwdrobnoustrojowych to czynniki wpływające na jakość nicieni podczas przechowywania w wodzie. Dlatego też nicienie są zwykle formowane w nie lub półpłynne podłoża wkrótce po ich wyprodukowaniu.

1 - Preparaty z aktywnie poruszającymi się nicieniami

P. Umieszczenie nicieni na lub w środkach transportu obojętnego zapewniło dogodny sposób przechowywania i wysyłki małych ilości nicieni. W tych preparatach nicienie są w pełni aktywne i swobodnie poruszają się w podłożu lub na nim. Obojętne receptury nośników są łatwe i tańsze w wykonaniu, ale wszystkie produkty wymagają chłodzenia podczas przechowywania i transportu, a więc są drogie.

Q. **- Gąbka**

Preparaty na bazie gąbki polieterowo-poliuretanowej są szeroko stosowane do przechowywania i wysyłki małych ilości nicieni w przemyśle chałupniczym w USA, który zaopatruje głównie trawniki domowe i rynki ogrodowe. Formuła gąbki powstaje przez nałożenie wodnej zawiesiny nicieni na arkusz gąbki, zwykle przy 500-1000 zakaźnych młodych osobników na cm2 powierzchni. Nicienie na gąbkach mogą być przechowywane przez 1-3 miesiące w temperaturze 5-10°C. Zazwyczaj 5-25 X ^{106} młodocianych zakaźnych umieszcza się na arkuszu gąbki, który następnie umieszcza się w plastikowej torbie. Worki są umieszczane na opakowaniach z lodem do wysyłki, a nicienie są usuwane z gąbek przez moczenie i ręczne wyciskanie w wodzie przed zastosowaniem. Preparat ten nie nadaje się do stosowania na dużych areałach ze względu na tę uciążliwą metodę usuwania i dużą ilość potrzebnych gąbek.

R. **- Wermikulit**

Formuła wermikulitu jest znacznie lepsza od gąbki. Zalety to bardziej skoncentrowany produkt dla nicieni, dłuższa stabilność przechowywania i wygodniejsze stosowanie. Zazwyczaj wodna zawiesina nicieni jest mieszana jednorodnie z wermikulitem, a mieszanina jest umieszczana w cienkich workach polietylenowych. شوش Mieszaninę wermikulitu z neopreparatem dodaje się bezpośrednio do zbiornika opryskiwacza, mieszając ją z wodą i stosując jako środek do opryskiwania lub do przemaczania.

2 - Preparaty z nicieniami o ograniczonej sprawności ruchowej

Dzięki dużej aktywności nicieni w nośnikach obojętnych, zmagazynowane zapasy energii młodocianych zakaźnych są szybko uszczuplane, a czasami nawet ulatniają się z preparatów. Dlatego też opracowano preparaty, w których mobilność nicienia jest zminimalizowana poprzez fizyczne uwięzienie lub zastosowanie inhibitorów metabolicznych. Przykładami takich preparatów są alginiany i żele łatwopalne oraz płynny koncentrat zawierający własny inhibitor metabolizmu.

2.1 - Pułapka fizyczna

Cienkie arkusze alginianu wapnia rozłożone na plastikowych sitach zostały użyte do uwięzienia nicienia (Georgis, 1990). W celu zastosowania, nicienie musiały zostać uwolnione z alginatowej matrycy żelowej poprzez rozpuszczenie jej w wodzie za pomocą cytrynianu sodu (Georgis, 1990). Produkty *S. carpocapsae* na bazie alginianów były pierwszymi, które posiadały trwałość w temperaturze pokojowej i doprowadziły do zwiększonej akceptacji nicienia na wysokowartościowych rynkach niszowych (Grewal, 1998). Jednak czasochłonne etapy ekstrakcji i problematyczna utylizacja dużej liczby plastikowych sit i pojemników spowodowały, że preparat ten nie nadaje się do stosowania na dużą skalę.

Zgłaszano preparat, w którym nicienie są mieszane w lepkim, płynnym żelu lub pastie w celu zmniejszenia aktywności (Georgis, 1990). Chociaż żel w postaci płynnej jest łatwy do zastosowania, okres trwałości nicieni był krótszy niż w przypadku żeli alginatowych, dlatego też stosowanie tego produktu zostało zawieszone. Chang i Gehert (1995) opisali recepturę pasty, w której nicienie są mieszane w uwodornionym oleju i akryloamidzie. Ponad 80% przeżycia *S. carpocapsae* po 35 dniach w temperaturze pokojowej zostało zgłoszone w tym preparacie, co jest nie do przyjęcia w handlu.

a. - Areszt metaboliczny

Grewal (1998) poinformował, że dodatek opatentowanego inhibitora metabolizmu zmniejsza zapotrzebowanie na tlen i umożliwia przechowywanie skoncentrowanych *S. carpocapsae, S. filtiae* i *S. riobrave* bez pęcherzyków powietrza przez dłuższy czas w temperaturze pokojowej. Ponad 7X109 zakaźnych młodych osobników *S. carpocapsae* można przechowywać przez 6 dni w temperaturze pokojowej w 10-litrowym pojemniku, bez znaczącej utraty żywotności. Ten płynny koncentrat jest używany do transportu *S. riobrave* do stosowania w cytrynach przeciwko *diaprepes* root weevil. Yukawa i Pitt (1985) opisali preparat, w którym nicienie zostały uwięzione w sproszkowanym węglu aktywowanym, który służył jako adsorbent. Mieszanina węgla drzewnego i nicieni była przechowywana w szczelnych pojemnikach, aby zminimalizować dostępność oشxygen. Wysoki koszt, brak stabilności temperatury pokojowej i trudności w stosowaniu sprawiły, że preparat ten nie nadaje się do zastosowań komercyjnych.

3 - Preparaty z anhydrobiotycznymi nicieniami

Nicienie potrzebują warstwy wody wokół swojego ciała dla optymalnego metabolizmu, aktywności i ruchu. Jednakże zapasy energii młodocianych zakaźnych są stale uszczuplane podczas aktywności. Dlatego jednym z celów sformułowania było zmniejszenie tempa zużycia zmagazynowanych rezerw energii przez zakaźne młode osobniki. W niektórych preparatach osiągnięto to poprzez wysuszanie zakaźnych młodych osobników. Entomopatogeniczne nicienie są zdolne do jedynie częściowej anhydrobiozy, dlatego też określa się je jako spokojne anhydrobioty (Womersely, 1990). Chociaż wykazano wysuszanie nicienia przy kontrolowanej wilgotności względnej (Popiel *i in.*, 1993), metoda ta odniosła niewielki sukces komercyjny. Indukcję częściowej anhydrobiozy osiągnięto z powodzeniem poprzez kontrolę aktywności wodnej (Aw) preparatów (Grewal, 2000a). Aktywność wody jest miarą tego, jak szczelnie woda jest związana, strukturalnie lub chemicznie, z nicieniami. W przeciwieństwie do zawartości wody, na Aw wpływa wiązanie się cząsteczek wody z powierzchniami oraz osmoza. Aw równa się wilgotności względnej powietrza, w wyrównaniu z próbką nicieni w szczelnym pojemniku. Aw definiuje się jako stosunek ciśnienia pary wodnej nad próbką (P) podzielony przez ciśnienie wody nad czystą wodą (Po). Tak więc pomnożenie aktywności wody przez 100 daje w równowadze z próbką wilgotność względną atmosfery. Aktywność wody można łatwo zmierzyć za pomocą miernika aktywności wody, np. stosowanego rutynowo w przemyśle spożywczym (AquaLab Model CX-2, Decagon Devices, Ine., Pullman, Washington). Preparaty zawierające częściowo anhydrobiotyczne nicienie obejmują żele, proszki i granulaty.

3.1 - Żele

Firma Bedding and Butler (1994) opracowała formułę, w której zawiesina nicieni jest mieszana w bezwodnym poliakryloamidzie tak, że otrzymany żel osiąga aktywność wodną pomiędzy 0,800 a 0,995. Nicienie były częściowo wysuszone, ale ich przeżycie w temperaturze pokojowej było niskie. Co więcej, formuła ta była trudna do rozpuszczenia i powodowała zatykanie się opryskiwaczy.

S. Proszki

W 1988 roku opisano preparat, w którym nicienie mieszano w glinie w celu usunięcia nadmiaru wilgoci powierzchniowej i częściowego wysuszenia (Podściółka, 1988). Preparat, nazywany "kanapką", składał się z warstwy nicienia między dwoma warstwami gliny. Formuła ta została skomercjalizowana przez Biotechnology Australia Ltd, ale później przestała być stosowana ze względu na niespójną stabilność składowania, zatykanie się dysz rozpylających oraz niski stosunek nicieni do gliny.

Opracowano ulepszoną formułę zwilżalnego proszku, która umożliwia przechowywanie heterorhabditydów i steinernematydów w temperaturze pokojowej (Grewal, 1998). Nicienie są częściowo wysuszone z powodu dodatku absorbentów wody w tym preparacie. Formuła ta jest również łatwa do zastosowania dzięki wysokiej dyspersji w wodzie. *Heterorhabditis megidis* może być przechowywany do 3 miesięcy w temperaturze 22°C bez utraty żywotności w tym preparacie.

T. **- Granulaty**

Capinera i Hibbard (1987) opisali preparat granulowany, w którym nicienie były częściowo zamknięte w mączce z lucerny siewnej i mące pszennej. Później, Connick *i wsp.* (1993) opisali wytłaczaną lub uformowaną granulę, w której nicienie były rozmieszczone w matrycy glutenu pszennego. Formuła "Pesta" zawierała wypełniacz i środek utrzymujący wilgotność w celu zwiększenia przeżycia nicieni. Proces polegał na suszeniu granulatu do niskiej wilgotności, aby zapobiec migracji nicieni i zmniejszyć ryzyko zanieczyszczenia. Jednak granulki szybko wysychają podczas przechowywania, co prowadzi do słabego przeżycia nicieni.

Opracowano formułę wodno-dyspergowalnych granulatów (WG), w których młode osobniki zakażone są zamknięte w granulkach o średnicy 10-20 mm, składających się z mieszanek różnych rodzajów krzemionki, gliny, celulozy, ligniny i skrobi (Georgis *i in.*, 1995). Granulaty te są przygotowywane w konwencjonalnym procesie granulacji na patelni, w którym krople zawierające gęstą zawiesinę nicieni są natryskiwane na wstępnie zmieszany proszek na przechylonej obrotowej patelni (Grewal i Georgis, 1998). W miarę jak krople nicieni wchodzą w kontakt z proszkami, zaczynają się tworzyć granulki i zwijają się po suchych proszkach adsorbując wokół nich więcej proszku. Następnie granulki są przesiewane z proszków i pakowane do kartonów wysyłkowych. Matryca granulowana umożliwia dostęp tlenu do nicieni podczas przechowywania i wysyłki. W optymalnej temperaturze nicienie wchodzą w częściowy stan anhydrobiotyczny dzięki powolnemu usuwaniu wody z organizmu przez preparat. Indukcja częściowej anhydrobiozy jest zazwyczaj widoczna w ciągu 4-7 dni poprzez trzykrotne lub czterokrotne zmniejszenie zużycia tlenu przez nicienie (Grewal, 2000 a,b).

Wodorozcieńczalne preparaty granulowane mają kilka zalet w porównaniu z innymi preparatami. Należą do nich: i) zwiększona stabilność przechowywania nicieni w temperaturze pokojowej, ii) zwiększona tolerancja nicieni na ekstremalne temperatury, umożliwiająca łatwiejszy i tańszy transport, iii) zwiększona łatwość użycia nicieni poprzez wyeliminowanie czasochłonnych i pracochłonnych etapów przygotowania, iv) zmniejszony rozmiar pojemnika i wskaźnik pokrycia, v) zmniejszona ilość materiału do usuwania (tj. sit i pojemników) oraz bardziej akceptowalny wygląd. Jest to pierwszy komercyjny preparat, który umożliwił przechowywanie *S. carpocapsae* przez ponad 6 miesięcy w temperaturze 25°C (Grewal, 2000a).

4- Sformułowania do zastosowania

Niska przeżywalność po aplikacji w glebie i na liściach zmniejsza skuteczność nicieni (Smits, 1996). Chociaż kilka adiuwantów zostało ocenionych pod kątem poprawy przeżywalności nicieni, przeprowadzono ograniczone badania w celu opracowania preparatów poprawiających przeżywalność. Opracowanie preparatów, które zapewniają ochronę nicieni przed skrajnymi zagrożeniami środowiskowymi w trakcie i po zastosowaniu, może znacznie zwiększyć skuteczność działania nicieni. Obszar ten zasługuje na większą uwagę i może przynieść interesujące rezultaty. Poniżej opisano preparaty mające na celu zwiększenie przeżywalności nicieni po zastosowaniu w glebie i na liściach.

Wysuszone zwłoki

Stwierdzono, że nicienie stosowane w postaci zainfekowanych larw ćmy woskowej (Galleria mellonella) są równie skuteczne jak zawiesina wodna nicienia przeciwko szkodnikom glebowym (Janson i Lecrone, 1994). Zastosowanie owadów porażonych nicieniami może być lepsze niż zawiesiny wodne (Shapiro i Glazer, 1996). Opracowano preparat na bazie wysuszonych zwłok pokrytych gliną, który może być stosowany bez pęknięcia lub przylegania zwłok.

Kapsułki

Jako systemy dostaw do zwalczania szkodników glebowych i dolistnych zaproponowano makrożel zawierający nicieni zamknięte w kapsułkach. Encapsulation nicieni w koralikach żelowych alginianu wapnia został po raz pierwszy zgłoszony przez Kaya i Nelsena (1985), którzy opowiadali się za ich wykorzystaniem jako przynęty lub do zastosowań w glebie. Po umieszczeniu kapsułek alginianowych w glebie o odpowiedniej wilgotności, większość nicienie migrowała z granulek w ciągu tygodnia. Navon et al. (1999) ocenili żel alginianu wapnia jadalny dla owadów na S. riobrave. Wykazali wysoką przeżywalność nicieni przez 48 h w żelu przy 61% wilgotności względnej. Wykazano, że poliakrylamid żelujący, stosowany w celu zwiększenia zdolności zatrzymywania wody w glebach piaszczystych, zwiększa przeżywalność S. carpocapsae po zastosowaniu go przeciwko diaprepesowi u cytrusów (W. Schroeder w Georgis, 1990). Chang i Gehert (1992) opracowali makrożele zawierające zamknięte w kapsułkach S. carpocapsae wraz z akrylamidem zatrzymującym wodę w gumie gellan. Guma Gellan jest cieczą w temperaturze pokojowej i może być indukowana do żelu z dodatkiem kationu dwuwartościowego, takiego jak wapń.

Wydłużenie żywotności w wyniku anhydrobiozy jest kosztowne metabolicznie. Staje się to oczywiste, gdy porównuje się długowieczność wysuszonych i niewysuszonych nicieni w niskich temperaturach. W temperaturze 5°C trwałość wysuszonych karpiaków *S. carpocapsae, S. feltiae* i S' *riobrave* w wodzie rozproszonych granulatów była krótsza niż w wodzie (Grewal, 2000b). Podczas wysychania tempo metabolizmu nicieni gwałtownie wzrasta w pierwszych 24 godzinach, a następnie powoli spada do poziomu poniżej normalnego tempa metabolizmu w ciągu 4-7 dni (Grewal, 2000a,b), a zapasy glikogenu i lipidów są przekształcane w trehalozę (Solomon *i in.*, 1999). Po nawodnieniu, trehaloza jest albo używana jako źródło energii albo zamieniana z powrotem na glikogen.

Środki przeciwdrobnoustrojowe

Zanieczyszczenie mikrobiologiczne stanowi istotny problem w preparatach nicieni o wysokiej wilgotności. Zanieczyszczenia mikrobiologiczne mogą uszczuplać dostępny tlen, zmniejszać dyspergowalność preparatów, powodować zatykanie się dysz rozpylających i zmniejszać akceptowalność produktu. Chociaż środki przeciwdrobnoustrojowe mogą być stosowane w celu zahamowania wzrostu drobnoustrojów, muszą one być starannie dobrane, ponieważ mogą zmniejszyć przeżywalność nicieni w preparatach. Co więcej, gatunki nicieni różnią się między sobą wrażliwością na środki przeciwdrobnoustrojowe. Na przykład, *S. feltiae* i *S. riabrave* są bardziej podatne na Proxel, powszechnie stosowany środek przeciwdrobnoustrojowy, niż *S. carpocapsae.*

Kontrola jakości i standaryzacja

Utrzymanie wysokiej żywotności i zjadliwości podczas produkcji i formulacji stanowi podstawę skutecznej strategii kontroli jakości. Żywotność odnosi się do odsetka żywych osobników młodocianych zakaźnych (w porównaniu do osobników martwych i niezakaźnych), podczas gdy całkowite żywotne nicienie to całkowita liczba żywych osobników młodocianych zakaźnych w stanie zawieszenia. To rozróżnienie jest ważne, ponieważ martwe nicienie rozpuszczają się z czasem, a sama żywotność może być myląca. Również niektóre gatunki nicieni przyjmują spokojne postawy, które można łatwo pomylić z martwymi nicieniami. Dlatego też nieruchome nicienie powinny być sondowane lub mieszane przez dodanie kropli nadtlenku wodoru w celu ułatwienia oceny. Nadmierne pakowanie jest metodą zapewnienia minimalnej całkowitej żywotności nicienia podczas przechowywania.

Wirulencja jest najważniejszym składnikiem jakości nicieni. Wirulencja może być mierzona kilkoma różnymi metodami, w tym metodą "one-on- one bioassay" (Grewal *i in.*, 1999), LC50 (Georgis, 1992), efektywności zakładania (Epsky i Capinera, 1994), oraz wskaźnika inwazji (Glazer, 1992).

Jednakże badania wykorzystujące wiele nicienia przeciwko jednemu lub wielu żywicielom są uważane za niewłaściwe do celów kontroli jakości z powodu interakcji żywiciel-pasożyt, takich jak rekrutacja i nadmierne rozproszenie populacji naturalnych pasożytów (Grewal *i in.*, 1999). Test typu "one-on-one" porównuje zjadliwość każdego gatunku nicieni z wcześniej określonym "standardem" wobec wrażliwego żywiciela, takiego jak larwy *G. mellanella.* Metoda ta mierzy udział nicienia zakaźnego w populacji i jest wrażliwa na nicienie "upośledzone". Metoda ta ma zastosowanie do gatunków, które mają śmiertelny poziom jednego zaraźliwego młodocianego osobnika na larwę. Najniższe stężenia nicieni, które powodują około 50% śmiertelności larwalnej *G. mellonella, zostały* jednak określone dla innych gatunków. Na przykład, *S. scapterisci powoduje śmiertelność* 30-70% przy 15 młodych osobnikach zakaźnych na larwę, a *H. bacteriophora* powoduje śmiertelność 40-65% przy 5 młodych osobnikach zakaźnych na larwę. *G. mellonella* jest preferowanym żywicielem testów biologicznych, ponieważ jest bardzo podatna i jest dostępna w handlu, a zatem można zapewnić jej dostawy.

Areny z papieru filtracyjnego nadają się do zasypywania nicienia, natomiast kolumny piaskowe są optymalne dla krążowników (Grewal *i in.*, 1994b). Jednak zasadzki i krążowniki równie dobrze sprawdzają się w nowo opracowanej próbie biologicznej z wykorzystaniem studni piaskowych (Grewal *i in.*, 1999), która ułatwia zarówno zasadzki, jak i zachowania krążowników przez zakaźne młode osobniki. Metoda ta jest również łatwa do skonfigurowania i jest bliższa sytuacji w terenie niż testy biologiczne z użyciem papieru filtracyjnego. W związku z tym proponuje się, aby próba biologiczna wykorzystująca basen piaskowy została przyjęta jako standardowe narzędzie kontroli jakości do oceny zjadliwości entomopatogenicznych nicienia. W miarę starzenia się produktu, wyczerpywanie się zmagazynowanych rezerw energetycznych może zmniejszyć zjadliwość (Patel *i in.*, 1997b), zdolność do nictation (Lewis *i in.*, 1995) oraz tolerancję środowiskową (Patel *i in.*, 1997a) młodocianych zakaźnych. Dlatego też czas od produkcji do wytworzenia, od wytworzenia do pakowania, od pakowania do wysyłki jest zwykle kontrolowany. Stosowanie kodów partii i datowania ważności są użytecznymi metodami śledzenia i kontroli okresu ważności zapasów (czas przechowywania w warunkach chłodniczych przed zastosowaniem). Ocena skażenia mikrobiologicznego jest również integralną częścią oceny jakości produktów nicieni. Właściwości fizyczne, takie jak barwa i waga produktu, rozkład wielkości granulek, dyspergowalność receptury, temperatura produktu i opakowanie, są również monitorowane w celu zmniejszenia zmienności w poszczególnych partiach i utrzymania spójności.

Gaugler *et al.* (2000) ocenili jakość nicieni produkowanych komercyjnie, przeznaczonych na rynek sprzedaży wysyłkowej w USA. Stwierdzili oni, że większość firm była dostępna, niezawodnie wysyłała czyste populacje odpowiednich gatunków na czas, w solidnych pojemnikach, a często ze znakomitymi instrukcjami towarzyszącymi. Nicienie otrzymano w zadowalającym stanie, o akceptowalnym poziomie żywotności. Problemem była jednak spójność, gdyż każdy z dostawców miał jeden lub więcej słabych punktów do wzmocnienia. Większość przesyłek nie zawierała spodziewanej ilości nicienia, a jedna przesyłka nie zawierała nicienia. Patogeniczność kilku produktów przeciwko *G. mellonella* larvae nie była równoważna z normami laboratoryjnymi. *H bacteriophora* nie zawsze była dostępna na zamówienie. Kilka produktów zawierało mieszane populacje *S. carpocapsae* i *H. bacteriophora.* Zalecenia dotyczące stawek podane przez kilku dostawców były nietrafne. Stwierdzili oni, że w branży chałupniczej brakuje rygorystycznej kontroli jakości, samoregulacja jest problematyczna bez informacji zwrotnych, a konsumenci rzadko są w stanie udzielić takich informacji. Większa niezawodność przemysłu nicieniowego zostanie najprawdopodobniej osiągnięta poprzez wypracowane przez przemysł porozumienie w sprawie standardów jakości.

Transport i przeładunek

Nieoptymalne przechowywanie przez sprzedawcę lub użytkownika końcowego może być głównym czynnikiem wpływającym na żywotność i skuteczność nicieni. Ogólnie rzecz biorąc, gatunki nicieni odizolowane od zimnego klimatu słabo tolerują ciepłe temperatury, a te z ciepłych miejsc słabo radzą sobie w niskich temperaturach. Nicienie wysuszone są bardziej tolerancyjne na ekstremalne temperatury niż nicienie niesuszone, a zatem są bardziej stabilne podczas transportu i przeładunku. Georgis *et al.* (1995) podali, że 5. *carpocapsae mogą* być przechowywane przez 2 dni w temperaturze 38 °C bez utraty żywotności w granulkach dyspergowanych w wodzie, ale nie w alginianach lub żelach płynnych. Glazer i Salame (2000) podali również, że wysuszone karpiowate *S. carpocapsae* miały wyższą przeżywalność w temp. 40°C niż wysuszone nicienie. Ponieważ gatunki nicieni różnią się między sobą wysoką tolerancją temperatury, a temperatura wysyłki jest nieprzewidywalna, należy w miarę możliwości preferować wysyłkę w warunkach chłodniczych.

Nicienie w preparatach płynnych są podatne na pozbawienie tlenu podczas transportu i przeładunku. Chociaż młodociane osobniki zakaźne mogą wytrzymać krótkotrwałą ekspozycję na warunki niedotlenienia, nie tolerują one jednak niedotlenienia w nieskończoność. Również gatunki nicieni różnią się zdolnością do wytrzymywania warunków hipoksycznych. Qiu i Podściółka (2000) podały, że młode zakaźne osobniki *S. carpocapsae* inkubowane w buforze M9 w temperaturze 25°C w warunkach beztlenowych mogą zostać wznowione po powrocie do warunków tlenowych, jeśli ekspozycja na warunki beztlenowe nie będzie dłuższa niż 7 dni. Chłodzone przechowywanie i pęcherzyki powietrza mogą poprawić stabilność przechowywania nicieni. Metoda ta jest obecnie testowana w celu wysyłki nicieni w ciężarówkach-chłodniach z Kalifornii na Florydę do wykorzystania w przemyśle cytrusowym. Wykazano, że dodatek opatentowanego inhibitora metabolicznego zwiększa stabilność stężonych nicieni w wodzie, umożliwiając transport w warunkach chłodniczych.

Dostępność handlowa

Spośród zidentyfikowanych do tej pory prawie trzydziestu steinernematydów i heterorhabditydów siedem gatunków jest dostępnych w handlu. Podana poniżej lista dostawców nicieni podkreśla dostawców amerykańskich i została dostosowana na podstawie bazy danych Hunter's (1994) Beneficial Nematodes, która powstała w oparciu o dostawców organizmów pożytecznych w Ameryce Północnej. Zakupy porównawcze są zalecane, ponieważ ceny różnią się znacznie w zależności od dostawcy. Ponadto zaleca się ostrożność w odniesieniu do stosowania stawek. Miliard nicieni na akr (250.000 na ^{m2}) to zasada działania przeciwko większości owadów glebowych (gleby kontenerowe i szklarniowe są zwykle oczyszczane w większych ilościach). Sugerowane przez niektórych dostawców stawki za nadawanie w wysokości 100 mln akrów lub mniejszej nie są wiarygodne i nie są poparte badaniami kontrolnymi. Ostatnie zastrzeżenie jest takie, że tak jak należy wybrać odpowiedni środek owadobójczy do zwalczania docelowego owada, tak należy wybrać odpowiedni gatunek lub szczep nicieni. Zapytaj dostawców o testy terenowe wspierające ich zalecane dopasowanie celu owada i nicieni.

Referencje

Akhurst, R.J. (1993): Skuteczność entomopatogenicznych szczepów nicienia przeciwko larwom *Popillia japonica* (Coleoptera: Scarabaeidae). Journal of Economic Entomology 86, 353-359.

Aly, Nariman A.H., Abo-Aba, S.E.M. i Ahmed, A.A.I. (2006): Genetyczna Transformacja Genów Owadobójczych Toksycznych Genów *Bacillus thuringiensis* do *E. Coli* przeciwko *Spodoptra littoralis* (Boisd.). Res. J. Agric. & Biol. Sci., 2 (6): 472-477.

Appel, A.G.; Benson, E.P.; Ellenberger, J.M. i Manweiler, S.A. (1993): Oceny laboratoryjne i terenowe entomogenicznego nicienia (Nematoda: Steinernematidae) na potrzeby kontroli karalucha niemieckiego (Dictyoptera: Blatellidae). J. Econ. Entomol., 86: 777-784.

Aquino, de L.M.N., Calvalcanti, V.A., Sena, R.C. i Queiroz, G.F. (1975): Nowa technika produkcji grzyba *Metahizium anisopliae.* Boletim tecnico CODECAP 4,1-31.

Aquino, de L.M.N., Vital, A.F., Calvalcanti, V.A. i Nascimento, M.G. (1977): Kultura Metarhizium anisoplia (Metchn) Sorokin w workach polipropylenowych. Boletim tecnico CODECAP 5,7-11.

Arif, B.M. (1984): Entomopokswirusy. W. "Advances in Virus Research" [Lauffer, M.A. i Maramorosch, K., Eds.] Academic Press, Orlando, Floryda.

Bailey, L. (1963): Zakaźne choroby pszczoły miodnej. Land Books, Londyn.

Bains, W. (1993): Biotechnologia. Oxford University Press. 228 str.

Bartlett, M.C. i Jaronski, S.T. (1988): Masowa produkcja grzybów entomogenicznych w systemach kontroli biologicznej, prasa Uniwersytetu w Manchesterze, str. 61-85.

Beckage, N.E. (1996): Interakcje wirusów z komórkami bezkręgowców. W "New Directions in Invertebrate Immunology" [Soderhall, K., Iwanage, S., and Vasta, G.R., Eds.] Publikacje SOS, Fair Haven, New Jersey.

Pościel, R.A. (1988): Przechowywanie owadobójczych nicienie. Światowy patent nr WO 88/08668.

Pościel, R.A. i Akhurst, R.J. (1975): Prosta technika wykrywania pasożytniczych nicieni rabunkowych w glebie. Nematologica 21, 109-110.

Pościel, R.A. i Butler, K.L. (1994): Metoda przechowywania owadobójczych nicienie. Światowy Zakład nr WO 94/05150.

Dulmage, H.T. i Rhodes, R.A.(1971): Produkcja patogenów w sztucznych podłożach, w mikrobiologicznej kontroli owadów i roztoczy (eds H.D.Burges i N.W. Hussey), Academic Press, Londyn, str. 507-40.

Dutky S.R., Thompson, J.V. i Cantwell, G.E. (1964): Technika masowej propagacji nicieni DD-136. Journal of Insect Pathology 6, 417-422.

Ehlers, R.D., Niemann, I., Hollmer, S., Strauch, O., Jende, D., Shanmugasundram, M., Mehta, U.K., Easwaramoorthy, S.K i Burnell, A (2000): Potencjał produkcji masowej kompleksu biokontroli bakteryjno-helminetycznej *Heterorhabditis indiea-Photorhabdus luminescens.* Biocontrol Science and Technology 10, 607-616.

Ely, S. (1993): Inżynieria roślin do ekspresji *Bacillus thuringiengig* (- endotoksyna 51 w *Bacillus thuringiensis,* biopestycyd środowiskowy): Theory and Practice (eds P. F. Entwistle, J. S. Cory, M.

J. Bailey i S. Higgs), Wiley, Chichester, s. 105-24.

Entwistle, P.F. i Evans, H.F. (1985): Viral control, in Comprehensive Insect Physiology, Biochemistry and Pharmacology (eds G. A. Kerkut and L. I. Gilbert), Vol. 12, Permagon, Oxford, pp. 347-412.

Epsky, N.D. i Capinera, J.L. (1994): Skuteczność inwazji jako miara skuteczności entomopatogenicznego nicienia *Steinernema carpocapsae* (Rhabditida: Steinemematidae). J. Econ. Entomol., 87: 366-370.

Erlandson, M.A., Johnson, D.L. i Olfert, O.O. (1988): Zakażenia *Entomophaga grylii* (Fresenius) w populacji koników polnych (orthoptera: Acrididae) w Saskatchewan i Alberta, 1985-1986. Kanadyjski Entomolog 120,205-209.

Fadel M. M. i MM. Sabbour, (1998): Wykorzystanie odpadów kawowych do produkcji bioinsektycydów w procesie fermentacji w stanie stałym. J. Union. Arab Biol, Kair. 6 (B), 295-305.

Federici, B.A. (1983): Zapakowany dwuniciowy wirus owadów DNA o nowej strukturze i cytopatologii. Proc. Natl. Acad. Sci. U.S.A. 80, 7664-7668.

Fedorova, V.G. (1986): O znalezieniu larw *Culex territans* Walk, oraz Dixidae zarażonych iridovirusem w strefie leśnej regionu Novgorod. Med. Parazitol. Mosk. 3, 86. [Po rosyjsku]

Ferron, P. (1981): Zwalczanie szkodników przez grzyby *Beauveria* i *Metarhizium* In : "Mikrobiologiczne zwalczanie owadów i roztoczy". (Burges, H.D. i Hussey, N.W. (Eds.) str. 541-580. Prasa akademicka, Nowy Jork.

Fleming, W.E. (1968): Biologiczna kontrola japońskiego chrząszcza. Biuletyn Techniczny Departamentu Rolnictwa Stanów Zjednoczonych nr 1383.

Foda, M.S.; Salama, H.S. i Fadel, M. (1993): Lokalna produkcja *Bacillus thuringiensis* w Egipcie: Zalety i ograniczenia. Kontynuacja międzynarodowych warsztatów organizowanych przez NRC-Cairo, Agriculture Canda i IDRC, 4-6 listopada 1991 r.

Dulmage, H.T. i Rhodes, R.A.(1971): Produkcja patogenów w sztucznych podłożach, w mikrobiologicznej kontroli owadów i roztoczy (eds H.D.Burges i N.W. Hussey), Academic Press, Londyn, str. 507-40.

Dutky S.R., Thompson, J.V. i Cantwell, G.E. (1964): Technika masowej propagacji nicieni DD-136. Journal of Insect Pathology 6, 417-422.

Ehlers, R.D., Niemann, I., Hollmer, S., Strauch, O., Jende, D., Shanmugasundram, M., Mehta, U.K., Easwaramoorthy, S.K i Burnell, A (2000): Potencjał produkcji masowej kompleksu biokontroli bakteryjno-helminetycznej *Heterorhabditis indiea-Photorhabdus luminescens.* Biocontrol Science and Technology 10, 607-616.

Ely, S. (1993): Inżynieria roślin do ekspresji *Bacillus thuringiengig* (- endotoksyna 51 w *Bacillus thuringiensis,* biopestycyd środowiskowy): Theory and Practice (eds P. F. Entwistle, J. S. Cory, M. J. Bailey i S. Higgs), Wiley, Chichester, str. 105-24.

Entwistle, P.F. i Evans, H.F. (1985): Viral control, in Comprehensive Insect Physiology, Biochemistry and Pharmacology (eds G. A. Kerkut and L. I. Gilbert), Vol. 12, Permagon, Oxford, pp. 347-412.

Epsky, N.D. i Capinera, J.L. (1994): Skuteczność inwazji jako miara skuteczności entomopatogenicznego nicienia *Steinernema carpocapsae* (Rhabditida: Steinemematidae). J. Econ. Entomol., 87: 366-370.

Erlandson, M.A., Johnson, D.L. i Olfert, O.O. (1988): Zakażenia *Entomophaga grylii* (Fresenius) w populacji koników polnych (orthoptera: Acrididae) w Saskatchewan i Alberta, 1985-1986. Kanadyjski Entomolog 120,205-209.

Federici, B.A. (1983): Zapakowany dwuniciowy wirus owadów DNA o nowej strukturze i cytopatologii. Proc. Natl. Acad. Sci. U.S.A. 80, 7664-7668.

Fedorova, V.G. (1986): O znalezieniu larw *Culex territans* Walk, oraz Dixidae zarażonych iridovirusem w strefie leśnej regionu Novgorod. Med. Parazitol. Mosk. 3, 86. [Po rosyjsku]

Ferron, P. (1981): Zwalczanie szkodników przez grzyby *Beauveria* i *Metarhizium* In : "Mikrobiologiczne zwalczanie owadów i roztoczy". (Burges, H.D. i Hussey, N.W. (Eds.) str. 541-580. Prasa akademicka, Nowy Jork.

Fleming, W.E. (1968): Biologiczna kontrola japońskiego chrząszcza. Biuletyn Techniczny Departamentu Rolnictwa Stanów Zjednoczonych nr 1383.

Foda, M.S.; Salama, H.S. i Fadel, M. (1993): Lokalna produkcja *Bacillus thuringiensis* w Egipcie: Zalety i ograniczenia. Kontynuacja międzynarodowych warsztatów organizowanych przez NRC-Cairo, Agriculture Canda i IDRC, 4-6 listopada 1991 r.

Glazer, 1. (1992): Wskaźnik inwazji jako miara zakaźności steinernematydów i heterorhabditydów na owady. Journal of Invertebrate Pathology 59, 90-94.

Glazer, I. i Salame, L. (2000): Osmotyczne przeżycie entomopatogennego nicienia *Steinernema carpocapsae.* Kontrola biologiczna 18, 251-257.

Goettel, M.S. (1984): Prosta metoda masowej hodowli entomopatogenicznych grzybów Hyphomycete. Journal of Microbiological methods 3, 15-20.

Goral, V.M. i Loppa, N.V. (1973): W -głębnej i powierzchniowej hodowli zielonego grzyba muskardynowego Zashchita Rastyeni, 1,19.

Grewal, P.S. (1998): Preparaty nicieni entomopatogenicznych do przechowywania i stosowania. Japanese J. Nematology, 28: 68-74.

Grewal, P.S. (2000a): Zwiększona stabilność przechowywania entomopatogenicznego nicienia przez anhydrobiozę w otoczeniu. Pest Management Science 56, 401-406.

Grewal, P.S. (2000b): Potencjał anhydrobiotyczny i długoterminowa stabilność przechowywania entomopatogenicznych nicienie (Rhabditida: Steinernematidae). International Journal of Parasitology 30, 995-1000.

Grewal, P.S. i Georgis, R. (1998): Entomopatogeniczne nicienie. W: Hall, F.R. i Menn, J. (red.) Metody w Biotechnologii: Biopestycydy: Wykorzystanie i dostawa. Humana Press, Totowa, New Jersey, str. 271-299.

Grewal, P.S., Converse, V. i Georgis, R. (1999): Wpływ metod produkcji i testów biologicznych na zakaźność dwóch zasadzek (Nematoda: Steinernematidae). Journal of Invertebrate Pathology 73, 40-44.

Grewal, P.S., Lewis, E.E., Gaugler, R. i Campbell, J.F. (1994b): Host finding behaviour as a predictor of forging strategy in entomopathogenic nematodes. Parazytologia 108, 207-215.

Grzywacz, D., McKinley, D. J., Jones, K. A i Moawad, G. (1997): Zakażenie mikrobiologiczne w wirusie polihedrozy jądrowej *Spodoptera littoralis* produkowanym u owadów w Egipcie. J. Bezkręgowiec. Pathol. 69,151-6.

Hall, D.W. (1985): Patobiologia bezkręgowców icosahedral cytoplasmic deoxyriboviruses (Iridoviridae). W "Viral Insecticides for Biological Control" [Maramorosch, K. and Sherman, K.E., Eds.] Academic Press, New York.

Hann, R.C. (1996): Wpływ wielkości inokulum na wydajność *Steinernema carpocapsae* i *Heterorhabditis bacteriophora* w hodowli płynnej. Nematologica 42, 546-553.

Harrap, K.A., Payne, C.C. i Robertson, J.S. (1977): Właściwości trzech bakulowirusów od blisko spokrewnionych gospodarzy. Virologia 79. 14-31.

Harry, O.G. (1967): Wpływ eugregaryny *Gregarina polymorpha* (Hammerschmidt) na larwy mączniaka *Tenebrio molitor* (L.). J. Protozool. 14, 539-547.

Hatab, M.A. i Gaugler, R. (1997): Zmiany w zawartości kwasów tłuszczowych w *Xenorhabdus* sp. Journal of Applied Microbiology 82, 351- 358.

Hatab, M.A. i Gaugler, R. (1999): Lipidy *in vivo* i *in vitro* wyhodowane z *Heterorhabditis bacteriophora.* Kontrola biologiczna 15, 113-118.

Hatab, M.A. i Gaugler, R. (2001): Skład diety i lipidy produkowane *in* vitro przez *Heterorhabditis bacteriophora.* Kontrola biologiczna 20, 1-7.

Hembree, S.C. (1979): Brak udziału samców *Aedes taeniorhynchus* (Wiedemann) w pionowym przenoszeniu regularnego wirusa opalającego komary.

Hickle, I.A.A. i Fitch, W.I. (1990): Chemia analityczna *Bacillus thuringiensis.* ACS Symposium Series 432, American Chemical Soceity, Washington, D.C. Mosq. New 39, 672-673.

Hoffmann, M.P. and Frodsham, A.C. (1993) :Naturalni wrogowie roślinnych szkodników. Cooperative Extension, Cornell University, Ithaca, NY. 63 str.

Hokkanen, H.M.T. i Hajek, A.E. (2003): Wpływ na środowisko środków owadobójczych zawierających mikroorganizmy, potrzeba i metody oceny ryzyka. Kluwer Academic Publ., Boston. 269 str.

Hukuhara, T. i Bonami, J.R. (1991): Reoviridae. W "Atlasie chorób owadów" [Adams, J.R. i Bonami, Eds.] CRC [Press.] Boca Raton, Floryda.

Hunter, C.D. (1994): Dostawcy Organizmów Dobroczynnych w Ameryce Północnej. California Environmental Protection Agency, Dept. Pesticide Regulation, Environmental Monitoring and Pest Management Branch. PM 94-03. 30 stron.

Ignoffo, C.M. i Hostetter, D.I. (red.) (1977): Stabilność środowiskowa mikrobiologicznych środków owadobójczych. Misc. Publ. Entomol. Soc. Am. 10,117-9.

Ignoffo, C.M., Hostetter, D.L., Sikorowski, P.P. (1977): Dezaktywacja reprezentatywnych gatunków wirusów entomopatogenicznych, bakterii, grzybów i pierwotniaków przez źródło światła ultrafioletowego. Środowisko. Eniomol. 6, 411-5.

Ignoffo, C.M. i Hink, W.F. (1971): Rozmnażanie się patogenów stawonogów w żywych systemach.In" Mikrobiologiczne zwalczanie owadów i roztoczy. "(H.D. Burges, Ed.) str. 541-580. Prasa akademicka, Nowy Jork.

Janson, R.K. i Lecrone, S.H. (1984): Metody stosowania w przypadku nicieni entomopatogenicznych (Rhabditida: Heterorhabditidae):

zawiesiny wodne kontra zainfekowane zwłokami. Entomolog z Florydy 77.281-284.

Jones, K.A. (1988a): Badania nad trwałością wirusa polihedrozy jądrowej *Spodoptera littoralis* na bawełnie w Egipcie. Praca doktorska, Uniwersytet Reading.

Jones, K.A. i McKinley, D.J. (1987): Trwałość wirusa polihedrozy jądrowej *Spodoptera littoralis* na bawełnie w Egipcie. Asp. Appi. Biol. 14, 323-34.

Kawase, S. (1985): Patologia związana z densowirusami. W "Viral Insecticides for Biological Control" [Maramorosch, K. i Sherman.]

K. [E., Eds.] Prasa akademicka, Nowy Jork.

King, L.A., Wilkinson, N., Miller D.P., i Marlow, S.A. (1998): Entomopokswirusy. W "The Insect Viruses" [Miller, L.K. and Ball.]

U. A., Eds.] Plenum Press, Nowy Jork.

Kobayashi, M. (1971): Replikacja wirusa polihedrozy cytoplazmatycznej obserwowana za pomocą mikroskopu elektronowego. W "The Cytoplasmic Polyhedrosis of the Silkworm" [H. Aruga & Y. Tanada, Eds.] University of Tokyo Press, Tokyo.

Kondo, E. i Ishibashi, N. (1989): Ultrastrukturalna charakterystyka zakaźnych osobników młodych *Steinernema* spp. (Rhabditida: Steinemematidae) w odniesieniu do ich ruchliwości i przeżywalności. Entomologia Stosowana i Zoologia, 24: 103-111.

Krasomil-Osterfeld, K. (1995): Wpływ osmolarności na przesunięcie fazowe w *Photorhabdus luminescens.* Applied Environmental Microbiology 61, 3748-3749.

Lacey, L.A. i Kaya, FLA. [Eds.] (2007): Field Manual of Techniques in Invertebrate Pathology. Springer, Dordrect, 858 stron.

Lange, C.E. i Wittenstein, E. (1998): Wrażliwość szarańczy *Schistocerca cancellata* (Orthoptera: Acrididae) na inne

entomopatogenów. Ks. Soc. Entomol. Argentyna 57, 19-22.

Larsson, J.I.R. (1988): Identyfikacja rodzajów mikrosporydów (pierwotniaki, mikrospory) - przewodnik z komentarzami na temat taksonomii. Arch. Protistenkd. 136: 1-37.

Latge, J.P., Hall, R.A., Cabrera, R.J. i Kerwin, J.C. (1986): Fermentacja płynna grzybów entomogenicznych. W: Sampson, T.A., Vlak, J.M. i Peters, D. (red.) Fundamental and Applied Aspects of Invertebrate Pathology. 4lh International colloquium of Invertebrate Pathology, Wageningen, pp, 603-606.

Lavie, P., Fresnaye, L. i Vago, C. (1961): Działanie wirusa ma gęste jądra na larwach *Galleria mellonella* w ulach. Ann Bee 8, 321.

Lewis, L.C., Berry, E.C., Obrycki, J. J. i Bing, L. A. (1995): Konieczność stosowania środków owadobójczych *(Bacillus thuringiensis* i karbofuran) z endofitami

Beauveria bassiana, w tłumieniu populacji larwalnych europejskiego com borer. Agric. Ecosyst. Środowisko, 57: 27-34.

Lipa, J.J. (1963): Zakażenia wywołane przez pierwotniaki inne niż Sporozoa. W "Patologii owadów": An Advanced Treatise" [E.A. Steinhaus, Ed.] Vol. 2, str. 335-361. Prasa akademicka, Nowy Jork.

Liu, J and Berry R.E. (1996): *Heterorhabditis marelatus* n. sp. (Rhabditida: Heterorhabditidae) z Oregonu. Journal of Invertebrate Pathology 67, 48-54.

Panie, J.C. (2003): *Mattesia oryzaephili* (Neogregarinorida: Lipotrophidae), patogen owadów ziarnistych: Wirulencja, zasięg żywiciela i porównanie z *Mattesia dispora.* Biocontrol Sci.Technol. 13: 589- 598.

Luz, C., Luiz F.N. Rocha, Gustavo, V. Nery, Bonifacio, P. Magalhaes, Myrian Tigano, S (2004): Aktywność oleju o składzie Beauveria bassiana przeciwko Triatoma sordida na obszarach okołomorskich w środkowej Brazylii. Memorias do Instituto Oswaldo Cruz, 99, (2), 211-218.

McCoy, E.E. i Girth, H.B. (1938): Kultura *Neoaplectana glaseri* na miazdze cielęcej. New Jersey Agriculture 285.

McCoy, C.W., Samson, R.A. i Boucias, D.G. (1988): Entomogeniczne grzyby. In "Handbook of natural pesticides", Vol. V: "Microbial insecticides, part A: Entomogenous protozoa and fungi" (C.M. Ignoffo and N.B. Mandava, Eds.), str. 151-236. CRC Press, Boca Raton, FL.

McKinley, D.J., Moawad, G., Jones, K.A. (1989): Rozwój wirusa polihedrozy jądrowej w celu zwalczania *Spodoptera littoralis* (Boisd.) w bawełnie, w Pest Management w Cotton.

McRae, C.F. i Stevens, G.R. (1990): Rola matrycy stożkowej Colletotrichum orbiculare w patogenezie *spinoswn Xanthium.* Badania mikologiczne 94, 890-896.

Miller, L.K. (1998): Ascovirusy. W "The Insect Viruses" [Miller, L.K. and Ball, L.A., Eds.] Plenum Press, Nowy Jork.

Milner, R.J. (1978): O wystąpieniu *Entomophthora grylli,* patogenu grzybowego koników polnych w Australii. Journal of the Australian Entomological Society, 17, 293-296.

Milstead, J.E. i Poinar, G.O., Jr. (1978): Nowy, entomogeniczny nicień do systemów zwalczania szkodników. California Agriculture 32, 324-327.

Moraes, I.O. (1993): "Produkcja i wykorzystanie *Bacillus thuringiensis* do ochrony upraw w Brazylii". Kontynuacja międzynarodowych warsztatów organizowanych przez NRC-Cairo, Agriculture Canda i IDRC, 4-6 listopada 1991 r.

Mormet, S., Gazon, M., Deramoudt, F.-X. et al. (1994): Production of polyhedral inclusion body in a high density insect cell bioreactor, in Proceedings of the Vlth International Colloquium on Microbial Control, Montpellier, Society for Invertebrate Pathology, pp. 447-51.

Most, B.Efand Quinlan, R.J.(1986): Formulacja pestycydów biologicznych w podstawowych i stosowanych aspektach patologii bezkręgowców, Proceedings of the IV International Colloquium on Invertebrate Pathology, Wageningen (eds R.A. Samson, J.M.Vlak and D. Peters), Society for Invertebrate Pathology, str. 624-7.

Navon, A., Keren, S., Salame, F. i Glazer, I. (1999): Żel z alginianem wapnia w postaci jadalnego do owadów jako nośnik dla entomopatogennych nicienia. Biocontrol Science and Technology 8, 429-437.

Palmer, C.P., Miller, D.P., Marlow, S.A., Wilson, F.E., Lawrie, A.M. i King. F.A. (1995): Genetyczna modyfikacja entomopokswirusa: Usunięcie genu sferoidynowego nie wpływa na replikację wirusa in vitro. J. Gen. Virol. 76, 15.

Patel, M.N., Perry, R.N. i Wright, D.J. (1997a): Przeżywalność w wysuszaniu i zawartość wody w entomopatogenicznych nicieniach, *Steinernema* spp. (RJhabditida: Steinernematidae). International Journal of Parasitology 27,61-70.

Patel, M.N., Stolinski, M. and Wright, D.J. (1997b): Lipidy neutralne i ocena zakaźności entomopatogennych nicienie: obserwacje na czterech gatunkach *Steinernema.* Parazytologia 114, 489-496.

Payne, C.C. (1988): Patogeny do kontroli owadów, gdzie kolejne filozoficzne Transakcje Królewskiego Towarzystwa Fondon B318, 225-248.

Pereira, R.M. i Roberts, D.W. (1990): Suche preparaty grzybniowe z grzybów entomopatogennych *Metarhizium anisopliae i Beauveria bassiana.* Journal of Invertebrate pathology 56, 39-46.

75

Podgwaite, J.D., Bruen, R.B. i Shapiro, M. (1983): Mikroorganizmy związane z produkcją partii wirusa polihedrozy jądrowej ćmy cygańskiej Lymantria dispar. Entomophaga 28, 9-16.

Poinar, G.O. i Thomas, G.M. (1966): Znaczenie *Achromobacter nematophilus* Poinar i Thomas (Achromobacteriaceae: Eubacteriales) w rozwoju nicieni DD-136. Parazytologia 56, 385-390.

Popiel, E, Holtmann, K.D., Glazer, I. i Womersely, C. (1993): Handlowe przechowywanie i wysyłka entomopatogenicznych nicienie. Patent USA nr 5, 183, 950.

Prior, C., Jollands, P. i Le Pastourel, G. (1988): Zakaźność preparatów olejowych i wodnych *Beauveria bassiana* (Deuteromycotina: Hyphmycetes) na szkodnika Cocca weevil *Pantorhytes plutus* (Coleoptera: Curculionidae)Journal of Invertebrate pathology 52,66-72 .

Qiu, I. i Bedding, R.A. (2000): Metabolizm energetyczny i przetrwanie *Steinernema carpocapsae* w warunkach niedoboru tlenu. Journal of Nematology 32, 271-280.

Renn, N. (1998): Skuteczność entomopatogenicznych nicieni w zwalczaniu zakażeń muchami domowymi oddziałów intensywnej hodowli świń. Entomologia medyczna i weterynaryjna 12, 46-51.

Rhodes, D.J. (1993): Formulacja biologicznych środków kontroli, w Eksploatacji Mikroorganizmów (red. D. G. Jones), Chapman & Hall, Londyn, str. 411-39.

Roberts, D.W. i Wraight, S.P. (1986): Aktualny stan wykorzystania entomopatogenów jako czynników biokontroli w rolnictwie: grzyby, In: Sampson, T.A., **Roberts, D.W. i Yendol, W. (1981):** Użycie grzybów do mikrobiologicznej kontroli owadów. W: "Mikrobiologiczne zwalczanie szkodników i chorób roślin 1970-1981. "(H.D. Burges, Ed.) str. 125-149. Prasa akademicka, Londyn.

Sabbour, M.M. (1992): Biologiczne niektórych szkodników przechowywanych produktów jako dotkniętych przez środki zwalczania drobnoustrojów. Praca magisterska Uniwersytet w Kairze Wydział Naukowy. PP:256

Sabbour, M.M. (2017):. Insektycydy Odporność bakterii *Bacillus thuringiensis* na *Bactrocera oleae* w warunkach polowych. International Educational applied Scientific research Journal. Volume : 2 ¦ Issue : 2 ¦ Feb 2017 ¦ e-ISSN : 2456-5040.

Sabbour M.M. Nayera. Y. Solieman. (2016):.Dwa egipskie izolaty *Bacillus thuringiensis* z gleby i ich potencjalna aktywność przeciwko infestacji *Tuta absoluta* w warunkach laboratoryjnych i polowych. Der Pharmacia Lettre, 2016, 8 (9):11-17.

Sabbour M. M. i S. M. Singer. (2016): Observations of the Effect of Two Isolated Nano *Bacillus Thuringiensis* on *Tuta absolutea* Infestation under Laboratory and Field Condition. RJPBCS 7(2) Page No. 1892-1900.

Salama، H. S. , Zaki, F. N. , Ragaei, M i M. M. Sabbour (1995):Trwałość i potencja *Bacillus thuringiensis* przeciwko *Phthorimaea operculella* (Zell.)(Lep., Gelechiida) w sklepach z ziemniakami. czasopismo Applied Entomology ages 493-494, January/December 1995

Sabbour, M.M. (2001): Biochemik hemolimfy larw *Earias insulana* leczonych *Bacillus thuringiensis* i *Beauveria bassiana.* J. Egipt. Ger. Soc. Zool. 36(E) Entomologia 19-27.

Sabbour. M.M. , Abdel-Hakim, E.A i , Abdou, W.L. (2012)a:. Rola niektórych dodatków w ulepszaniu formulacji Bacteria *Bacillus thuringiensis* przeciwko *Phthorimaea operculella* i *Helicoverpa armigera*: 2- Dodatki chemiczne. Journal of Applied Sciences Research, 8(4): 1986-1992, 2012 r.

Sabbour, M.M. , Abdou, W.L. i Abdel-Hakim, E.A. (2012)b:. Rola niektórych dodatków w ulepszaniu formulacji Bacteria *Bacillus thuringiensis* przeciwko *Phthorimaea operculella* i *Helicoverpa armigera.* Journal of Applied Sciences Research, 8(4): 1986-1992 .

Sabbour Magda i Maysa E. Moharam. (2014 a): Oceny pięciu gatunków *Bacillus* przeciwko *Sitophilus oryzae* (L.) (Coleoptera: Curculionidae) w warunkach laboratoryjnych i przechowywania. Europejski Dziennik Esektów Akademickich 1(9): 52-56, 2014 r.

Sabbour M. M., Foda. M.S. i Maysa E. Moharam. (2014 b):.Oceny gatunków *Bacillus* przeciwko czerwonemu chrząszczowi mącznemu *Tribolium castaneum* i pomylonemu chrząszczowi mącznemu *Tribolium confusum* (Coleoptera: Tenebrionidae) w warunkach laboratoryjnych i przechowywania. European Journal of Academic Essays 2(1): 36-41, 2014.

Sabbour M.M. i Maysa E. Moharam. (2014 c): Oceny gatunków *Bacillus* przeciwko *Callosobruchus chinensis* , *Callosobruchus maculatus* (Coleoptera: Tenebrionidae) w warunkach laboratoryjnych i przechowywania. Europejski Dziennik Esektów Akademickich 1(11): 8-13, 2014 r.

Salama, H.S. (1993): Ulepszenie *Bacillus thuringiensis* do zastosowań w terenie. Kontynuacja międzynarodowych warsztatów zorganizowanych przez NRC-Cairo, Agriculture Canda i IDRC w dniach 4-6 listopada 1991 roku.

Salama, H.S.; Foda, M.S.; El-Bendary, M.A. i Abdel-Razek, A. (2004): Zakażenie czerwonym diabłem palmowym, *Rhynchophorus ferrugineus* przez pałeczki tworzące zarodniki, występujące w naturalnym siedlisku w Egipcie. J. pest Sci. 77: 27-31.

Santa, H.S.D., Osmar Roberto Dalla Santa, Debora Brand, Luciana Proto de Souza Vandenberghe i Carlos Ricardos Soccol (2005): Produkcja zarodników *Beauveria bassiana* z pozostałości rolnoprzemysłowych. Brazilian Archives of Biology and Technology, 48,51-60.

Selvan, S., Gaugler, R. i Lewis, E.E. (1993b): Rezerwy energii biochemicznej entomopatogenicznych nicienia. Dziennik Parasitologii 79,167-172.

Shapiro, D.L i Glazer, I. (1996): Porównanie entomopatogenicznego rozproszenia nicieni od zakażonych żywicieli w porównaniu z zawiesiną wodną. Entomologia środowiskowa 25, 1455-1461.

Shapiro, M. (1986): In vivo production of baculoviruses, in Biology of Baculoviruses, Vol. II, Practical Application for Insect Control (eds R. R. Granados and B.A. Eederici), CRC Press, Boca Raton, pp. 31-61.

Smits, P.H. (1996): Utrzymywanie się po zastosowaniu entomopatogenicznych nicienie. Biocontrol Science and Technology 6, 379-387.

Solomon, A., Papema, I. i Glazer, I. (1999): Przeżywalność wysuszająca entomopatogenicznego nicienia *Steinernema filtiae*: indukcja

anhydrobioza. Nematologia 1, 61-68.

Stoltz, D.B. i Vinson, S.B. (1979): Penetracja do komórek gąsienicowych cząstek wirusopodobnych wstrzykiwanych podczas jajeczkowania przez pasożytnicze ich pneumonidy osy. Puszka. J. Microbiol. 25, 207.

Tanada, Y. i Kaya, H.K. (1993): Patologia owadów. Academic Press, Inc., San Diego. 666 str.

Taylor, A.B. i King, R.L. (1937): Dalsze badania nad pasożytniczymi amebami znalezionymi u koników polnych. Trans. Am. Microssc. Soc. 56, 172-176.

Thomas, K.C., Khachatourians, G.G. i Ingledew, W.M. (1987): Produkcja i właściwości kondii *Beauveria bassiana* uprawianej w kulturze podwodnej. Canadian Journal of microbiology, 33, 12-20.

Trinic, A.P.J. i Wiebe, M.G. (1990): Produkcja biomasy grzybów i zarodników grzybów w hodowli ciągłej i paszowej. Aspekty Biologii Stosowanej 24.255-261.

Walker, H.L. i Connick, W.J. (1983): Alginian sodu do produkcji i preparowania mykoherbicydów. Weed Science, 31, 333-338.

Wallace, F.G. (1966): Trypanomatyczne pasożyty owadów i pajęczaków. Exp. Parasitol. 18, 124-193.

Wallace, F.G. (1979): Biologia kinetoplastydy stawonogów. W "Biology of the Kinetoplastida" [Lumsden, W.H.R. and Evans, D.A., Eds.] Vol. 2, str. 213-240. Prasa akademicka, Nowy Jork.

Washburn, J.O., Egerter, D.E., Anderson, J.R. i Saunders, G.A. (1988): Zmniejszenie zagęszczenia populacji komarów larwalnych (Diptera: Culicidae) poprzez interakcję między pasożytniczą cywilizacją (Cilophora: Tetrahymenidae) a oportunistycznym pasożytem (Oomycetes: Pythiaceae). J. Med. Entomol. 25, 307-314.

Washburn, J.O., Kirkpatrick, B.A. i Volkman, L.E. (1996): Ochrona owadów przed wirusami. Natura 383, 767.

Webb, B.A. (1998): Biologia polydnawirusowa, struktura genomu i ewolucja. W "The Insect Viruses" [Miller, L.K. and Ball, L.A., Eds.] Plenum Press, Nowy Jork.

Weinzierl, R., i Henn, Tess. (1989): Alternatywy w zarządzaniu owadami: Mikrobiologiczne insektycydy. Cooperative Extension, University of Illinois, Circular 1295. 12 str.

Whitfield, J.B. (1997): Dane molekularne i morfologiczne sugerują pojedyncze pochodzenie polidnawirusów wśród osy plecionkowej. Naturwissenschaften 84, 502.

Williams, R.C. i Smith, K.M. (1957): Krystalizujący się wirus owadów. Natura 179, 119-120.

Williams, T. (1998): Bezkręgowe wirusy opalizujące. W "The Insect Viruses" [Miller, L.K. and Ball, L.A., Eds.] Plenum Press, Nowy Jork.

Womersely, C.Z. (1990): Przetrwanie odwodnienia i potencjał anhydrobiotyczny. W: Gaugler, R. i Kaya, H.K (eds) Entomopatogenne nicienie w Kontroli Biologicznej. CRC Press, Boca Raton, Floryda, s. 117-137.

Yoo, S.K.; Brown, I. i Gauglar, R. (2000): Rozwój płynnych podłoży dla *Heterorhabditis bacteriophora*: źródło i stężenie lipidów. Mikrobiologia Stosowana i Biotechnologia 54, 759-763.

Young, J. M., Dunnill, P. and Pearce, J.D. (1998): Właściwości fizyczne ciekłych kultur nicieni oraz projektowanie operacji odzyskiwania. Inżynieria Bioprocesowa 19, 121-127.

Yukawa, T. i Pitt, J.M. (1985): Przechowywanie i transport nicieni. Światowy patent nr WO 85/03412.

FSC
www.fsc.org
MIX
Papier | Fördert
gute Waldnutzung
FSC® C083411

Kolibri 360 GmbH
Ferdinand-Jühlke-Straße 7
99095 Erfurt, Deutschland
produktsicherheit@kolibri360.de

Druck:
CPI Druckdienstleistungen GmbH
im Auftrag der
Kolibri 360 GmbH
Ferdinand-Jühlke-Str. 7
99095 Erfurt